没有如果 只看结果

好的执行放飞青春之梦

主编 拾 月
编著 陈志华

图书在版编目(CIP)数据

没有如果　只看结果：好的执行放飞青春之梦 / 陈志华编著. -- 北京：现代出版社, 2015.4
ISBN 978-7-5143-3494-4

Ⅰ. ①没… Ⅱ. ①陈… Ⅲ. ①成功心理－青少年读物 Ⅳ. ①B848.4-49

中国版本图书馆 CIP 数据核字(2015)第 067762 号

没有如果　只看结果：好的执行放飞青春之梦

主　　编　拾　月
编　　著　陈志华
责任编辑　王敬一
内文制作　诚美天下文化传播有限公司
出版发行　现代出版社
地　　址　北京市安定门外安华里 504 号
邮　　编　100011
电　　话　(010)64267325
传　　真　(010)64245264
邮　　箱　xiandai@cnpitc.com.cn
网　　址　www.1980xd.com
印　　刷　三河市华晨印务有限公司
开　　本　700mmx1000mm　1/16
印　　张　9
版　　次　2015 年 5 月第 1 版　2021 年 4 月第 3 次印刷
书　　号　ISBN 978-7-5143-3494-4
定　　价　29.80 元

前言

青少年是社会的宝贵财富，是人类的希望和未来，正所谓“少年强则国强”。为此，大至一个国家、一个民族，小至一个家族、一个家庭，都特别重视青少年的教育问题。希望他们成为社会的中坚，家族的骄傲。一句话，就是希望他们成为成功的人。于国，能成为有用的人才；于家，能成为顶梁柱。不仅仅要学习好，还要有辨别人世间善、恶、美、丑的能力。在每个人的人生中，除了需要自身的因素之外，还需要拥有感受世界的能力。

思路、细节，能够丰富大脑容量，完善行为举止，让青少年变得愈加稳重大方。

口才、谈判，能够练就舌战群雄的能力，凭借一张巧嘴，也能走遍天下。

习惯、能量，能够端正青少年人生态度，获得积极向上的正能量。

决策、执行，能够清晰目标，果断解决问题，让人生不在纠结、忧郁中度过。

人脉、创新，能够体会到人和的力量，让生命更具新鲜感。

青春，是人最美好的一段时光，也是人格、性格定型的重要阶段，在这个时期，我们需要享受青春的快乐，同时也需要完成自我塑造。通过心理自助，最终从一个小男生、小女生逐渐成长为一个有着健全人格的人，成长为一个对社会、对家庭、对自我有着相对完整认知的人，成长为能够为自己的未来做主的人。这才是一个充实、有价值的青春。每个梦想都值得我们认真对待，每个青少年都是未来的希望。在青春中我们不仅要有欢乐，同时也要拥有未来！

本丛书是你化解烦恼的“心灵鸡汤”，可以给你快乐的心理自助；本丛书会让你认识到：掌控心理，方能掌控世界；改变自己，才能改变一切。本丛书还将告诉你：只有实现积极的心理自助，才能收获快乐而充实的青春。

目录

第一篇 明确执行，再苦再难也要勇猛前进

第二篇 立即行动，让青春在奋斗中燃烧

第三篇 提高效率，掌控成功跳动的节奏

目录

第四篇 求真务实，踏实才是执行的步调

第五篇 关注细节，发现成功的最佳途径

第一篇

明确执行，再苦再难也要勇猛前进

每个人都应该有自己的理想，如果你想实现自己的理想，那就应该锁定好自己的人生目标，然后赶快行动，不要迷茫，不要徘徊，脚踏实地的行动起来，再苦再难也不要后退，坚强地面对生命中的每一次挑战！

目标锁定，成功的道路是由目标铺成的

故事话题

有人曾经问罗斯福总统：“尊敬的总统，你能给那些渴求成功特别是那些年轻、刚刚走出校门的人一些建议吗？”

罗斯福谦虚地摇摇头，但他又接着说出了一段让大家受益匪浅的话：“不过，先生，你的提问让我想起我年轻时的一件事：那时，我在本宁顿学院念书，想边学习边找一份工作做。最好能在电讯业找份工作，这样我还可以修几个学分。我的父亲便帮我联系，约好了去见他的一位朋友——

当时任美国无线电公司董事长的萨尔洛夫将军。等我单独见到了萨尔洛夫将军时，他便直截了当地问我想找什么样的工作，具体哪一个工种？我想：他手下的公司任何工种都让我喜欢，无所谓选不选了。便对他说，随便哪份工作都行！

“只见将军停下手中忙碌的工作，眼光注视着我，严肃地说，年轻人，世上没有一类工作叫‘随便’，成功的道路是由目标铺成的！”

故事解析

锁定目标才能心无旁骛地追求，成功的道路就是因目标而铺成的。目标对人生有巨大的导向性作用。成功，在一开始仅仅是一种选择，你选择什么样的目标，就会有什么样的人生。

一个没有方向的人，就像驶入大海的孤舟，没有方向，也不知道自己将要走向何方。而有方向的人，就如同黑夜中打着一盏明灯，它将照亮人们前行的道路。

方向是是一个人行动的指南针，有方向的人可以为了心中的理想而努力，没方向的人则缺乏这种行动的动力。我们也要学会给自己设立目标，让它铺就我们的成功之路。

故事穿越

唐朝初年，在长安城西的一家磨坊里养着一匹白马和一头黑驴，白马和黑驴常年生活在一起，时间久了，它俩成了好朋友。白马每天在外面做运送物品的工作，而黑驴则每天在家里做推磨的工作。

后来唐僧去西天取经，想要挑选一匹精良的白马作为坐骑。经过一番挑选，唐僧最终选中了这匹每天在外面做运送工作的白马。于是白马与唐僧一起前往西天取经。

十几年后，这匹白马驮着佛经，回到了长安。

它再一次回到磨坊里看望自己多年不见的黑驴朋友，并向它讲述了这次旅途的经历，它对黑驴说："你知道吗？我经历了浩瀚无边的沙漠、高入云霄的山岭、凌山的冰雪、热海的波澜，那些像神话般的境界……"

黑驴听了白马的讲述，对这些自己从未见过的山山水水感到十分震惊，于是它赞叹地说："呀！你有这么多美好的见闻，我太羡慕你了，那些遥远的道路，是我从来都没有想过的啊！"

白马儿听了黑驴的话笑了，说："其实，我们走过的路程是差不多的。当我向西域前进的时候，你也一步都没有停止过。只不过不同的是，我与唐僧都有一个遥远而明确的方向，我们也始终朝着这个方向迈进，最终我们以自己的行动实现了它，打开了广阔的世界之门。而你因为没有目标，所以你一直都在盲目地绕着磨盘打转，最终也无法走出狭隘的天地。"

故事微语

我们应该早日做好自己的人生规划，心中才会有努力的目标，人生轨迹才会一直延伸。否则，在没有方向的区域里绕来绕去，最终也难以获得什么成就。

我们在有计划的同时，还要拥有恒心，即使在艰难险阻下，也要朝着自己设定的方向锲而不舍地前行，切不可半途而废，白白浪费自己的时间。

心灵箴言

人没有目标，变成了行尸走肉。

——[俄] 契诃夫

没有目标而生活，恰如没有罗盘而航行。

——[德] 康德

伟大的精力只是为了伟大的目的而产生的。

——[苏联] 斯大林

对于一只盲目航行的船来说，所有的风都是逆风。

——[美] 哈伯特

咬定青山不放松，立根原在破岩中。千磨万击还坚劲，任尔东西南北风。

——郑板桥

成功，在一开始仅仅是一种选择

故事话题

从前，有两个饥寒交迫的人得到了一位钓鱼者的恩赐：一根鱼杆和一筐鲜活硕大的鱼。经过谈判，其中一人得到了那筐鲜活的鱼，另一个人得到了一根鱼杆。得到鱼的人原地用干柴搭起篝火烤起了鱼。他狼吞虎咽，还没来得及品尝出鲜鱼的肉香，转瞬间，鱼被他吃了个精光。不久，他便饿死在空空的鱼框旁。

另一个人则拿着鱼杆继续忍受着饥寒，一步一步艰难地向大海走去。当不远处的那片蔚蓝色的海洋出现在眼前时，他筋疲力竭地带着无尽的遗憾撒手人寰。

又有两个饥寒交迫的人，他们同样得到了钓鱼者恩赐的一根鱼杆和一筐鲜活硕大的鱼。只是经过谈判，他们并未各奔东西，而是商定一起去找寻大海，他俩每次只烤一条鱼，而且必须要共同分享。经过长途跋涉，他们来到了海边。俩人从此开始了以捕鱼为生的日子。

几年后，他们甚至还盖起了大瓦房，有了各自的家庭，有了自己建造的渔船，过上了幸福安康的生活。

故事解析

同样的事情摆在面前，前两个饥寒交迫的人的选择最后的结果都是死亡，而后两个饥寒交迫的人的选择的结果却是幸福安康的生活。

成功在一开始仅仅是一种选择，正确的选择会导致成功。人生的路上充满了选择，有无数个十字路口需要我们走过，向左还是向右，一定要慎重决定。成功在最开始的时候仅仅是一种选择，比尔盖茨放弃大学生活开始创业，是一种选择，鲁迅弃医从文也是一种选择，他们的选择改变了他们之前的人生轨迹，也让他们获得了更大的成就。

故事穿越

有3个年轻人即将要被关进监狱三年，狱长答应他们3个可以替他们每人完成一个要求。

美国人爱抽烟，要了几箱雪茄。

法国人爱浪漫，提出要一个美丽的女子相伴。

而犹太人说，他要一部电话，并且必须时刻保持畅通。

3年的监狱生活终于过去了，第一个冲出来的是美国人，他的嘴里鼻孔里都塞满了雪茄，大声喊着："给我火，给我火！"原来这个美国人忘了要火了。

第二位出来的是法国人。只见他手里抱着一个小孩子，美丽女子背上背着一个更小的孩子，肚子里还怀着第三个。

最后，犹太人也出来了，只见他紧紧握住监狱长的手说："这3年来我因为有了那部电话，可以继续谈我的生意，所以，我的生意不但没有停顿，反而增长了300%，为了表示谢意，我必须送给您一部劳施莱斯！"

故事微语

什么样的选择决定什么样的生活，今天的生活是由之前我们的选择决定的，而今天我们的抉择将决定我们之后的生活。美国人选择雪茄，却忘了要火；法国人要一个美女相伴，结果有了一群孩子；犹太人要一部电话，结果生意越做越好。三种不同的选择，造就三种不同的人生。

如果我们最开始的选择是错误的，那么结果也不可能是完美的。只有在面对选择的时候，冷静思考，不意气用事，选择那个最适合自己的正确方向，才能顺利的到达成功的彼岸。

心灵箴言

选择机会,就是节省时间。

——[英] 培根

对于每一个人，他所能选择的奋斗方向是宽广的。

——[德] 爱因斯坦

决定你是什么的，不是你拥有的能力，而是你的选择。

——杨澜

了解目标，确立人生之旅的航向

故事话题

多年前，有一位快30岁的男人表示，对于目前的工作很不满意，希望可以拥有更适合于他的终生事业。于是他找到了当地的智者，希望他可以为自己解答疑惑。

“你想往何处去呢？”智者这样问他。

“关于这一点，说实在的，我并不清楚。”他犹豫了一会儿，继续回答道，“我还没有思考过这件事，不过肯定是要到不同的地方去。”

“你做过什么比较有成就的事情呢？”智者接着问他，“或者说，你擅长什么？”

“不知道，”他回答，“我也从来没有思索过这个问题。”

“那么，现在你最想追求的目标是什么呢？”智者追问道。

“我真的说不出来。”他相当茫然地回答，“我真的没有什么目标。这些事情我从未思索过，虽然我也曾觉得应该好好盘算一下这些事……”

“那么，现在让我这样告诉你，”智者说道，“你想从目前所处的环境中转换到另一个地方去，却不知该往何处，这是因为你根本不知道自己能做什么、想做什么。其实，你在转换工作之前应该先了解自己的目标，确立好自己的人生方向。”

故事解析

事实上，很多年轻人和故事里的男子一样，没有给自己的人生设立好目标，因而通常无法取得什么成绩。一个人没有目标，又如何能确立人生之旅的航向呢?

有了目标，人生便有了方向。一个人在树立明确的目标后，一般都会为了努力地实现它而奋斗。从经验上看，往往是奋斗目标越鲜明、越具体，就容易获得成功。

如果我们将人生的成功比作建成一栋大厦的话，在建造大楼之前，就必须要有一个“明确的目标”，另加一张张蓝图作为其明确的建筑计划。试想一下，如果一个人在盖房子时，还没有任何计划，想到什么就盖点什么，那房子能够建成吗? 即使建成了，会不是很危险呢?

故事穿越

父亲带着三个儿子到森林里猎杀豹子。在到达目的地，一切准备得当，还没开始行动之前，父亲向三个儿子提了个问题：

“你们现在看到了什么呢?”

老大回答道：“我看到了我们手里的猎枪、在森林里奔跑的豹子、还有一望无际的森林。”

父亲摇摇头说：“错了。”

老二的回答是：“我看到了爸爸、大哥、弟弟、猎枪、豹子，还有茫茫无际的森林。”

父亲又摇摇头说：“还是错了。”

而老三的回答只有一句话：“我只看到了豹子。”

这时父亲满意地点了点头。

故事微语

具有明确目标的人，更容易取得成功。同样，如果一个人没有明确的目标，以及为实现这一明确目标而制定的可实施的计划，那么，无论他如何努力工作，都将会很难到达成功的彼岸。

一个没有目标的人生，就像轮船没有了舵手，旅行时没有了指南针，黑夜中没有指路灯一样。一个明确的目标，可令我们的努力得到双倍、甚至数倍的回报。如果你现在依然没有一个明确的目标，那你就应该放下手上的事情，认真思考一下适合自己的目标了。

心灵箴言

在一个崇高的目标支持下，不停地工作，即使慢，也一定会获得成功。

——[德] 爱因斯坦

一个有品格的人即是一个有理智的人。由于他心中有确定的目标，并且坚定不移地以求达到他的目标……他必须如歌德所说，知道限制自己；反之，那些什么事情都想做的人，其实什么事都不能做，而终归于失败。

——[德] 黑格尔

任何人都是目标的追求者，一旦达到目的，第二天就必须为第二个目标动身起程了……人生就是要我们起跑、飞奔、修正方向，如同开车奔驰在公路上，有时偶尔在岔道上稍事休整，便又继续不断在大道上奔跑。

——[美] 马克斯韦尔·莫尔兹

盯住目标，一辈子就做一件事

故事话题

莫泊桑是法国作家，他在小时候曾在福楼拜面前非常自信地说道：“我上午用两个小时来读书写作，用另两个小时来弹钢琴，下午则用一个小时向邻居学习修理汽车，用三个小时来练习踢足球，晚上，我会去烧烤店学习怎样制作烧鹅，星期天则去乡下种菜。”说完后，还一脸的得意。

福楼拜听到莫泊桑的话后，笑了笑说：“我每天上午用四个小时来读书写作，下午用四个小时来读书写作，晚上，我还会用四个小时来读书写作。”福楼拜接着问莫泊桑：“你究竟有什么特长，比如有哪样事情你做得特别好？”这下，莫泊桑倒什么话也说不出来了。于是他便问福楼拜：“那么，您的特长又是什么呢？”福楼拜回答：“写作。”原来特长便是专注于做好一件事情。

从此之后，莫泊桑下决心拜福楼拜为文学导师，一心一意地开始读书写作，最终取得了惊人的成就。

故事解析

专注于一件事，看起来简单，其实是对毅力与恒心的考验。成功学上有个著名的“两万小时理论”，也就是“经过两万小时锻炼，任何人都能从平凡变成卓越”。可以想象，两万小时的锻炼中会经历些什么。

“一辈子就做一件事”，说到底，就是一种执着的力量。现实中，我们常常羡慕“十八般武艺，样样精通”的人，也常常勉励年轻人“艺多不压身”，但是这种人到头来大部分只落得个“样样涉足，个个平平”的局面，形成“艺多不养家”的尴尬后果。

故事穿越

有一位女作家被邀请参加某个会议，坐在她身边的是一位来自于匈牙利的年轻男作家。

女作家衣着简朴，沉默寡言，态度谦虚。男作家当时因为不知道她是谁，见到她这般的表现。于是，他有了一种居高临下的姿态。

“请问小姐，你是专业作家吗？”

“是的，先生。”

“那么，你有什么大作发表呢？是否能让我拜读一两部？”

“我只是写写小说而已，谈不上什么大作。”

男作家更加证明自己的猜测。

他说："你也是写小说的，那么我们算是同行了，我已经出版了339部小说了，请问你出版了几部？"

"我只写了一部。"

男作家有些嘲弄地问："噢，你只写了一部小说。那能否告诉我这本小说叫什么名字？"

"《飘》。"女作家平静地说。顿时，这位狂妄的男作家变得目瞪口呆。

这位女作家的名字叫玛格丽特·米切尔，她的一生只写了一本小说。现在，她的名字已经被我们熟知。而那位自称已经出版了339部小说的作家，甚至于他的名字也已经无从考查了。

故事微语

玛格丽特·米切尔一生专注于写《飘》，并最终取得了举世瞩目的成绩。而写了339部小说的同行的名字却早已无法考查了，这就是专注的魅力。盯住目标，一辈子只做一件事，要比泛泛而作而取得的成绩好得多。

一个人的精力和时间都是有限的，在这有限的精力和有限的时间之中盯住目标，一辈子就做一件事，就很有可能从众人中脱颖而出。李国修曾说过“我这辈子只想做好一件事，就是‘开门、上台、演戏’”，这是因为这种专注，让他享有“台湾莫里哀”的美名，这不就是专注的魅力吗？

心灵箴言

当我们专注地研究人类生活的空虚，并考虑荣华富贵空幻无常时，也许我们正在阿谀逢迎自己懒惰的天性。

——[苏格兰] 休谟

精通一科，神须专注，行有余力，乃可他顾。

——董必武

人只要专注于某一项事业，那就一定会做出使自己都感到吃惊的成绩来。

——美国谚语

胸怀远大，大目标换来大收获

故事话题

比尔·盖茨20岁开始领导微软，31岁成为世界上的最年轻的亿万富翁。37岁成为美国首富并获得国家科技奖章，39岁成为世界首富。

在比尔·盖茨11岁时，他的数学和自然科学知识的储备已经非常丰富，远远超过了其他同龄的孩子，他所读的学校甚至已经满足不了他的求知欲。于是，1967年，比尔·盖茨的父母作了一个关键性的决定，为了适应比尔·盖茨的智力发展，在湖滨中学帮他注册入学。

恰恰也是湖滨中学激发了比尔·盖茨智慧的火花和天才般的创造力。在这里他创办了他第一家营利的公司，也在这所学校找到了加入他缔造的微软帝国的"十字军"。

当比尔·盖茨在湖滨学校的电脑房的机器上输入了几条简单的指令，并与几英里之外的电脑联通，信息被反馈过来后，他惊呆了，这也成为他人生中一次大的转折点。

1972年，湖滨中学的程序编制小组接到了一项重要的业务，俄勒冈州波特兰市的信息科学公司决定聘请一批人来为它的客户编写一份工资表程序。因为这个程序，比尔·盖茨他们得到了信息公司所获利润的10%。

信息科学公司给了他们用于购置电脑的支票，虽然这是一笔不小的收入，但更主要的是比尔·盖茨在为自己当初发明的点子而无比振奋。

也就在这个项目的鼓舞下，比尔·盖茨的胸怀变得更加远大，他暗下决心——我应是王，要做未来美国甚至全球电脑行业的"王"。

就是这个远大的目标时刻激励着比尔·盖茨，为他的成功埋下了伏笔。

现今，再也不会有人怀疑比尔·盖茨是世界上最富有、最成功的商人。他的成功也同时告诉我们：胸怀远大，大目标换来大收获。

故事解析

树立目标就是给人生一个目标，一个方向，从而让我们沿着预定的方向驶向既定的方向，最终达到成功的彼岸，不因为碌碌无为而懊悔，不因迷茫而左顾右盼。

小目标制造小收获，大目标换来大收获。我们要有更高的目标，用更高的标准来要求现在的自己，这样我们就可以从自己的努力过程中获得更多的成功，也能创造更多的快乐。

有人说：“一心向着目标前进的人，整个世界都给他让路。”如果你也想有所成就，就要树立起远大的目标，然后朝着这个目标不断迈进，总有一天你会摘到胜利的果实。

故事穿越

晋代的祖逖在小时候是个不爱读书的淘气孩子。进入青年时代，他意识到自己因为知识的贫乏而无以报效国家，于是开始发奋读起书来。他广泛阅读书籍，认真学习历史，从中汲取了大量的知识。他在 24 岁的时候，曾有人推荐他去做官时，他没有应承，仍然不懈地努力读书。

后来，祖逖和幼时的好友刘琨一同为官。他与刘琨感情深厚，常常同床而卧，同枕共眠，而且他们还有着共同的远大理想：建功立业，复兴晋国，成为国家的栋梁之才。

一天半夜里，祖逖在睡梦里听到了公鸡的鸣叫声，他一脚踢醒了刘琨，对他说：“别人都认为半夜听见鸡叫不吉利，我偏不这样想，咱们干脆以后听见鸡叫就起床练剑如何？”刘琨也欣然表示同意。于是他们每天听到鸡叫便起床练剑，剑光飞舞，剑声铿锵。寒去春来，从没间断过。

功夫不负有心人，经过长期的刻苦学习和训练，祖逖和刘琨终于成为了文武全才，既能写得一手好文章，又能带兵打胜仗。祖逖被封为镇西将军，实现了他当初报效国家的理想；刘琨做了都督，兼管并、冀、幽三州的军事，也实现了他的远大理想。

故事微语

一个人如果没有远大的目标，就可能会没有生活的方向感，就如同黑色中缺乏指引自己的灯光一样，也就很难取得惊人的成就。如果你树立一个远大的目标，并为之不断地努力、付出，那么就可能会实现它。

一个人如果有开阔的胸襟和远大的抱负，就很可能会成就一番事业。一个胸怀狭隘，没有大目标的人很难取得什么成就。我们要学会给自己树立大目标，然后为此而努力奋斗，相信在目标的指引下，我们的人生之路会变得更明确，走起来也会顺畅很多。

心灵箴言

志当存高远。

——诸葛亮

治天下者必先立其志。

——程颢

一个人如果胸无大志，既使再有壮丽的举动也称不上是伟人。

——[法] 拉罗什富科

世人历来所敬仰的是目标远大的人，其他人都无法与他们相比……贝多芬的交响乐、亚当·斯密的《国富论》，以及人们赞同的任何人类精神产物……你热爱他们，因为你说，这些东西不是做出来的，而是他们的真知灼见发现的。

——佚名

第二篇

立即行动，让青春在奋斗中燃烧

行动是达到成功的唯一途径，任何完美的计划如果不能付诸以实践，还是等于零。虽然有时候我们的条件还不够成熟，道路中也充满了苦难和艰辛，但是一旦付出行动，我们就已经在成功的路上。

青春不留白，奋斗当为先

故事话题

匡衡出生在汉朝，他非常勤奋好学。但是因为家里很穷，所以他白天必须做特别多的活计，挣钱糊口。只有在晚上时，他才能安心的坐下来读书。但是，他因为买不起蜡烛，所以天黑后就无法看书了。匡衡为浪费这么多的时间而非常心痛。

他的邻居家特别有钱，每到晚上好几间屋子都会点起蜡烛，屋子里被照得通亮。

有一天，匡衡鼓起了勇气，对邻居说：“我晚上想读书，可买不起蜡烛，能否借用你们家的一寸之地呢？”邻居一向瞧不起穷苦的人，于是恶毒地挖苦说：“既然穷得买不起蜡烛，还读什么书呢！”匡衡听后特别气愤，但是他更下定决心，一定要学好知识。

匡衡回到家后，悄悄地在墙上凿了个小洞，邻居家的烛光便通过这个小洞透过来了。

匡衡借着这微弱的光线，如饥似渴地读起书来，渐渐地把家中所有的书都读完了。

匡衡读完这些书，深感自己所掌握的知识还远远不够，于是他想继续看多一些书的心愿便更加迫切了。

附近有个大户人家的藏书特别多。一天，匡衡卷着铺盖来到这家大户人家门前。他对主人说：“请您收留我，我给您家里白干活不要报酬，只是让我阅读您家的全部书籍就可以了。”主人被匡衡的精神感动了，答应了他借书的要求。

在这么努力的学习之下，匡衡后来做了汉元帝的丞相，成为西汉时期著名的学者。

故事解析

有些人在压力面前，畏畏缩缩，生怕一不小心便会粉身碎骨；有些人却迎着风口、踏上浪尖，开始他们的奋斗生涯，最终他们成功了。因为他们奋斗下去的决心，风口浪尖对于他们来说不是绊脚石，而是成为了垫高自己的基石。

青春的美丽展现在奋斗之中，就像雄鹰的美丽是展现在它搏风击雨中。正拥有青春的我们，何不像雄鹰一样开始展翅高飞，开始自己的奋斗人生呢！在人生的道路上前行，展示青春的壮美与力量，让我们行动起来，开始奋斗吧！让青春之歌充满激扬的旋律！

故事穿越

公元 1809 年，在一个荒凉的肯塔基州农场里，一个小婴儿诞生了，他就是亚伯拉罕·林肯——未来第十六任的美国总统。

林肯在 15 岁的时候才开始认字母，他买不起算术书，于是向别人借来书，再用信纸大小的纸片抄下来，然后用麻线缝起来，制成一本自制的算术书。他以不定期上课的方式开始了求学之路，知识都是“一点一点学的”。他所受到的正规教育，全部加起来也不过 12 个月左右的时间。林肯在特别艰难的条件下依然发奋读书，表现出强烈的不向命运屈服的精神。

林肯即使是在下田工作的时候，也将书本带在身边，稍有空闲就如饥似渴地看书。中午吃饭的时候，也是一手拿着玉米饼子，一手捧书。他在被提名为总统候选人之后，曾说：“我能够达到这一点小成果，完全是日后应各种需要，时时自修取得的知识。”林肯由一个贫穷的孩子成长为统率美国的政治家的关键在于奋发向上，努力不懈，迎接生活的挑战。林肯是这样做的，也成功了。

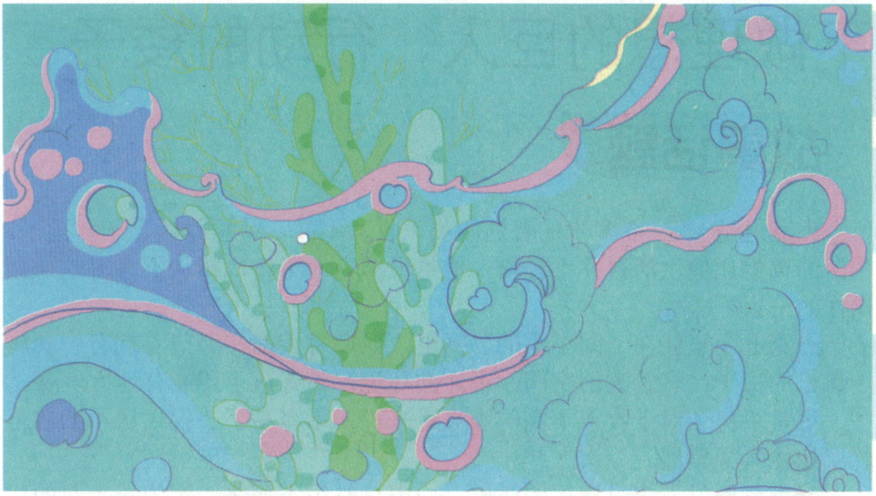

故事微语

雷锋曾说过一句名言：“青春啊，永远是美好的，可是真正的青春只属于那些永远力争上游的人，永远忘我劳动的人，永远谦虚的人！”只有努力奋斗，为实现自己的梦想不断前行，朝着自己的目标不断迈进，我们才能拥有一个不后悔的青春。

没有暗礁，就激不起飞舞的浪花。在青春的世界里，让我们勇敢地追寻美好的梦想吧，尽管前方荆棘丛生，我们都要勇往直前。让我们像江河一样，奔流大海。在漫漫的人生路上，谱写出属于自己的青春音符，留下奋斗的足迹。现在开始，让我们用奋斗扬起青春的船帆吧！

心灵箴言

奋斗这一件事是自有人类以来天天不息的。

——孙中山

盛年不重来，一日难再晨，及时宜自勉，岁月不待人。

——陶潜

青年之文明，奋斗之文明也。与境遇奋斗、与时代奋斗、与经验奋斗。故青年者，人生之王、人生之春、人生之华也。

——李大钊

不做理想的巨人，行动的矮子

故事话题

杰克逊是一名 30 多岁的普通职员，收入不高，勉强养活妻子和孩子，生活的重担让他生活得并不轻松。他每天努力地工作，却从不舍得吃一顿像样的午饭。

杰克逊全家住在一间小小的公寓里，他们每天都在渴望着拥有一套属于自己的房子：有较大的空间，干净的环境，最好孩子还能有地方玩耍。

可是买房子对于收入不高的杰克逊来说太不容易了，仅仅房子的首付款就让他一筹莫展。

当杰克逊付下个月房租的时候，心中总是很不痛快，因为每个月的房租和新房的月供款差不多。于是杰克逊有了一个主意，他对妻子说："下个星期我们去买一套新房子，你看怎么样？"

"你在开什么玩笑，我们哪有能力，我们现在甚至连首付款都付不起。"妻子尖叫着，不知道丈夫怎么会有这么奇怪的想法。

但是杰克逊决心已定，他说："在这个城市，跟我们一样有购房欲望的夫妇大约有几十万。其中有一半，只有一半能如愿。我们只有行动起来，才知道结果。虽然我现在还不知道怎么凑钱，可是一定会有办法。"妻子听着丈夫如此坚决，沉默着答应了丈夫的"疯狂决定"。

说干就干，一个星期之后，杰克逊真的找到了一套特别满意的房子，虽然不大但是足够居住了。可是这房子的首付款是 10 万美元。于是接下来的日子他为了这笔钱四处奔走。他的朋友、同学、亲人、同事，他没有遗漏任何可能借钱给自己的人，结果仅仅凑齐了 8 万美元。

正在他愁眉不展的时候，他突然有了一个灵感，他想何不找开发商洽谈，他们或许可以借款给自己。

当销售人员听了他的想法，大吃一惊，因为之前还没有人提出过这样的要求。经过一再沟通，开发商竟然还真的同意了杰克逊的想法，杰克逊承诺以每月 2000 元的方式偿还。

就这样，首付款终于凑齐了，他们终于可以住进自己的房子。可是每月的分期付款依然让杰克逊一家感到很吃力。杰克逊的薪水捉襟见肘，为了还得起月供和借款，他向老板提出加薪水。他对老板说明了自己的境遇，并保证自己周末也可以在公司加班。老板被他的诚恳和坚定打动了，于是同意让他周末加班，并付给他一份额外的工资。一切问题都解决之后，杰克逊过了不久就搬进了新家，看着宽敞明亮的新房，夫妻二人相视而笑。

故事解析

在杰克逊的妻子看来能够住上大房子就是理想，可是在理想面前，她望而却步了，以为这是不可能的事情，但事情却在杰克逊的行动下变成了现实。

如果仅有理想，而不实施以行动，那么理想永远也不会实现。事物的变化和发展必须依靠不断的行动，才能完成由量变到质变的过程。有了改变自己、追求理想的想法之后，行动，行动，再行动，才会让我们步入成功的殿堂。

故事穿越

史泰龙出身在贫困的家庭，10 岁那年父母离异，13 岁那年，他便辍学在家。只因看了一场由世界先生史提夫利夫士主演的电影后，便狂热地爱上了电影，并立志成为电影演员。尽管他知道自己有很多劣势，比如有口吃的毛病，没有文化，人长得也不特别漂亮。但是，他无所顾忌，立即开始了行动。

他找来好莱坞电影公司的名录本，开始挨个地去推荐自己……讽刺、挖苦、嘲笑随之袭来……没有任何一家公司愿意接纳他。

“你这个样子怎么可能成为电影演员呢？”“算了吧，我们是不会要你的。”“走远一点，这里不是你做梦的地方！”“你死了这条心吧，不要再来了，在我们公司，你是不受欢迎的。”……讽刺、挖苦、嘲笑、看不起，应有尽有。越是这样，史泰龙越如此给自己打气：“我一定要成为好莱坞的电影明星。”

在遭到第 1000 次拒绝后，史泰龙依然没有灰心，而是根据自己的这 1000 次行动全部遭到拒绝的经验写了题为《洛奇》的剧本。他又开始一次又一次地走进各家电影公司。终于在第 1600 次的时候，有人愿意花钱买他的剧本，但前提是主演不能是他。尽管此时的他已经饥寒交迫，他还是说“NO”。终于在第 1855 次的时候，史泰龙如愿以偿。他主演的《洛奇》一炮打响，他因此也变成了超级巨星。

故事微语

史泰龙在面对理想的时候选择了行动，而没有一味地沉沦在自己的梦想之中毫无行动。当理想遇上行动，便有了成功的可能。如果只是空谈理想，而不实施以行动，如何能到达成功的彼岸？何时才能实现理想呢？

有位年轻人询问一位雄辩家："这世上最为厉害的辩论技巧是什么？"雄辩家回答说："最高明的雄辩之术有三点：第一是行动；第二还是行动；第三仍然是行动。"任何华丽的词藻都没有简单的行动更能说服人。让我们现在也为理想和未来行动起来，不做理想的巨人，行动的矮子。

心灵箴言

行是知之始，知是行之成。

——陶行知

行动才能成功，教练改变人生。

——陈安之

一步实际行动比一打纲领更重要。

——马克思

许诺固然可以获得友谊，但培养和保持友谊的还是行动。

——佚名

在生活中，没有任何东西比人的行动更重要，更珍奇了。

——[苏联] 高尔基

即刻出发，成功就躲在困难身后

故事话题

美国有位名叫克里蒙的推销员，因为家里很穷，他在十几岁的时候就出来推销保险。克里蒙始终没有忘记他第一次推销保险的情形，那天，他去一栋大楼寻找客户，站在大楼外的人行道上，他全身都在发抖，但是他依然默念着自己的座右铭：“如果你做了，没有损失，还可能有大收获，那就下手去做。马上就做！”

于是他走入了大楼，尽管很害怕自己会被踢出来，但这并不代表自己真的被踢出来了。他每走进一间办公室前，脑海里都会想起那句话：“马上就做！”虽然每次他都担心自己会遭到拒绝，但他还是强迫自己走入下一间办公室。

第一天，克里蒙卖出了两份保险。虽然不是很成功，但是在了解自己的性格和工作方式方面，他却收获颇丰。第二天，他卖出了四份保险，第三天他卖出了六份……他的事业开始了。

克里蒙找到了一个克服心理障碍的方法，那就是，立刻冲入下一间办公室！因为只有这样做，才不会给自己留下害怕、犹豫的时间。

故事解析

即刻出发，成功就躲在困难身后，不要给自己害怕、犹豫的时间。我们要做的就是用力去拨开成功道路上的荆棘，不要害怕已知和未知的困难，要相信自己总能想出解决的办法。如果自己去做了，一定会有所收获。

我们的梦想的实现来源于行动，多一点行动离成功的距离就缩短了一步。在我们有想法时，不要只停留在空想。赶紧付诸行动，放下所有的思想包袱，大胆尝试。相信大胆而辛苦的付出，总会有所收获。

故事穿越

李·艾柯卡 1924 年生于一个意大利移民家庭里。受他雄心勃勃的小店主父亲的影响，艾柯卡喜欢上了汽车，立志长大后进入汽车行业工作。艾柯卡后来说：“那汽车真叫人心痒难耐，看上一眼，闻闻车座上的皮革味儿，就足以让我想到福特干上一辈子了。”1946 年，取得普林斯顿大学硕士学位的艾柯卡最终如愿进入了福特汽车公司。

和所有入职的新职员一样，艾柯卡被安排到了工程师训练班。艾柯卡在这里工作了的主要任务是改进离合器。但不久之后艾柯卡就发现，设计工作根本不可能实现他的抱负。当时“二战”刚结束没多久，汽车业正呈现出一片兴旺景象，汽车公司也如雨后春笋般涌现出来。艾柯卡判断，福特公司的当务之急是销售和赢得顾客，而如果想实现自己的抱负，就要在 1959 年之前获得足够的经验和资历，那么就必须离开他的本行，从基层的推销员开始做起——这是实现自己的抱负的捷径。

然而，艾柯卡下定决心后，又开始为自己担忧起来。因为从小他就是个稳重、勤勉、害羞的孩子。对于这一点，传记作家雷雨肖·阿尔杰曾写道："小朋友们在窗外喊：'李、李，快出来！'然而艾柯卡全不理会。被叫得实在没办法时，他只好站起来大声说：'你们先玩吧，我再学习一会儿！'艾柯卡当年的老师也回忆说：'[艾柯卡] 美中不足的是有点儿胆小，过于谨慎。'"

但是，无论如何，艾柯卡都决定立即按照自己的想法去做。于是他果断地退出设计部，进入了销售部，开始了自己的汽车推销生涯。艾柯卡每天和汽车采购人员以及汽车经销商打交道，他为这些难缠的主顾详细解释了新车的生产情形，并一一解答关于质量与价格方面的问题。在长达十几年的销售生涯中，他勤勉地锻炼着自己的口才，在此基础上研究、推敲销售策略，了解市场和客户的心理，推测下一步的市场动向。渐渐地，他成了一名经验丰富的汽车推销员，工作也做的有声有色。

1960 年 11 月，31 岁的艾柯卡升职为福特的总经理兼副总裁，但是对于艾柯卡而言，这只不过是一个开始。他后来传奇般的经历同样为人津津乐道。如今，艾柯卡已经成为全球商业界的不朽传奇。

故事微语

艾柯卡在确立了自己的目标后，没有等待，而是马上着手去做。在从事汽车推销工作的十几年中，艾柯卡几乎每天都面临挑战。除了与客户大量交涉外，还必须与自己害羞的天性作斗争。每次当他拿起电话时，心里总是七上八下。艾柯卡后来回忆说："每次打电话前，我都要一遍又一遍地练习，心里打好腹稿，总怕遭到对方的回绝。"但是，他通过"即刻出发"，克服了自己害羞、谨慎的天性，最终实现了自己的抱负。

你也一样，不要再畏惧通往成功道路上可能出现的困难，即刻出发，马上行动起来吧！

心灵箴言

我们的行动是唯一能够反映出我们精神面貌的镜子。

——[美] 卡莱尔

取道于"等一等"之路，走进去的只能是"永不"之室。

——[西班牙] 塞万提斯

现实是此岸，理想是彼岸，中间隔着湍急的河流，行动则是架在川上的桥梁。

——[俄] 克雷洛夫

多一些行动，多一点成功

故事话题

张大鹏和李伟业是高中同学，高考的成绩也不相上下，同时考入了某大学。但就在收到录取通知书的同时，张大鹏的母亲突患急症入院急救，经诊断为脑溢血，因抢救及时无生命危险，但却从此成了植物人。这无疑给本就不宽裕的家庭造成了重创，望着愁眉不展的白发父亲和躺在特护间里的母亲，张大鹏决定放弃学业，以帮父亲维持这个家的生计。为了偿还家里所欠下的债，他决定外出打工。

在建筑工地上，张大鹏起初是个苦力工，但是因为有一定的文化，经理有意要张大鹏到后勤去搞搞预算什么的，但后勤是固定工资，收入稳定却不高，张大鹏就请经理给他安排在一些赚钱多的岗位。在工作期间，张大鹏边干边学，很勤快，对任何不懂的东西都向有关的师傅请教。在实践中虚心学习，张大鹏在一年多的时间里掌握了几种主要建筑工程必备的技术。但这只是实际操作知识，张大鹏又利用有限的休息时间，购置了些建筑设计、识图、间架结构等书籍资料，开始在蚊虫叮咬、灯光昏暗的工棚里学习。

偶尔与李伟业通信，李伟业在信里给张大鹏描述大学的生活如何地丰富多彩。张大鹏写信说自己打工的条件很苦，没有机会上大学了，劝李伟业要珍惜那里优越的学习机会和条件。李伟业回信说在大学里学习一点都不紧张，学得只要别太差，一样会拿到毕业证的。

第二年，张大鹏渐渐由技术员提升为副经理。由于张大鹏好学肯干的精神以及扎实的功底，公司试着给张大鹏一些小项目让其独立去完成。由于措施得当和管理到位，张大鹏的每个项目都完成得非常出色。在这期间，张大鹏仍没放弃学习，自修了哈佛管理学中的系列教程，还选学了一些和建筑有关的学科，准备参加自考，完善自我。

第三年，公司成立分公司，在竞选经理时，张大鹏以优秀的成绩竞选成功，他准备在这

个行业中一展宏图，实现自己的人生理想。

同年六月，上大学的李伟业毕业了，由于平时学习不太刻苦，有几科考得并不理想，勉强拿到毕业证。因此他在很多用人单位选聘时都落选了，好在有一家小公司看中他，决定试用半年。由于刚毕业且在实习期，工资和待遇不高，工作条件不理想，李伟业很恼火。后来，由于他在工作中态度不端正，李伟业被公司炒了鱿鱼。

故事解析

想要有所成就，就必须付诸行动，当我们一步步地挪动脚步不断前进时，我们就会发现成功已握在手中。虽然前进的过程中有过失败，但是，每一次的跌倒都将成为我们人生的宝贵经验，而且在每一次跌倒后爬起来的会是全新的自己。

多一些行动就会多一点成功，如果荒废时间，得过且过，整天浑浑噩噩的过日子，哪怕眼前是潇洒的，日后也定会吃到苦头。我们在平时要多多行动，将想法付诸于实践之中，越多的行动，就会为我们汲取越多的经验，离成功也就越近了一步。

故事穿越

有一位勤劳的农民在一块没有人肯播种的荒地上辛苦劳作。

过路的人看到他在这块堆满了砖头、瓦块，地下生满树根的瘦土里劳作，便嘲笑着对他说："喂，老大爷，你是在挖金子吧，挖了几筐了?!"

农民一声不吭，继续埋头苦干，清除了砖头、瓦块后，开始铲除地下盘绕的树根，然后开始施肥，耕种。

一晃几年过去了。到了秋收时节，农民满怀欣喜地在田里收获。

这时，一位赶着驴车的年轻人对农民喊道："喂，老大爷，你上辈子积了大德啊，上天恩赐了你这么一块肥沃的土地。"农民擦了一下脸上的汗珠，大声回答："年青人，上天恩赐我这块宝地时，大家都在骂我是个笨蛋、傻子。"

故事微语

许多人只羡慕别人成功后的显赫、富足，而从不过问他们在成功之前所经历的一系列的艰辛和苦累。多点些行动才会多一点成功。如果只是羡慕别人的成功，却不经受成功之前的艰辛和苦累，那么如何能获取属于自己的成功呢？

成功的路是一步一步得走出来的，期间必然会遭遇挫折、失败和辛苦。我们要想获取成功，从现在开始，立即行动起来。不要太在意路上的艰辛，要知道没有任何人的成功是白白得来的。

心灵箴言

光是说不行，要紧的是做。

——鲁迅

伟大的思想只有付诸行动才能成为壮举。

——[英] 威·赫兹里特

如果你不比别人干得更多，你的价值也就不会比别人更高。

——佚名

订目标，做计划，大量的行动。成功者不是比你聪明，只是在最短的时间采取最大的行动。

——陈安之

行动了才会有结果

故事话题

有个落魄的青年每隔三两天就到佛堂祈祷，而且他的祷告词几乎每次都一样。

“佛主啊，请念在我多年来侍奉您的份上，让我中一次彩票吧！”

几天后，这个青年依然垂头丧气地来到佛堂，同样跪着祈祷：“佛主啊，为何不让我中彩票？我愿意更谦卑地来服侍您，求您让我中一次彩票吧！”

又过了几天，他再次出现在佛堂，同样重复他的祈祷。如此周而复始，不间断地祈求着。

终于有一次，他跪着说：“我的佛主，为何您不垂听我的祷告？让我中彩票吧！只要一次，让我解决一些困难，我愿终身奉献，专心侍奉您……”

就在这时，佛主终于忍不住开口说话了：“我一直在垂听你的祷告。可是，孩子啊，最起码，你也该先去买张彩票吧！”

故事解析

生活中渴望天上掉馅饼的人并不少见。这些人沉湎于梦想之中，希望有一天梦想成真。但事实上，这些人却不可能实现自己梦想，原因很简单，就是他们只是每天在做梦，并不有真正的为了梦想付诸以任何行动。

克雷洛夫说：“现实是此岸，理想是彼岸，中间隔着湍急的河流，行动则是架在川上的桥梁。”人都是有理想的，理想能增加我们对生活的热情，使我们在接受考验的时候，能勇敢地面对。然而，即使再完美的理想，没有被实施以行动，终究也就只能是空谈而已。

故事穿越

迈克尔·戴尔还在读高中的时候，找到了一份为报纸企业征集新订户的差事。他推想新婚人士最有可能成为订户，于是雇请朋友为他抄录最近结婚的人的姓名和地址。他将这些资料输入到电脑，然后向每对新婚夫妻发出一封有私人签名的信，承诺赠阅两周的报纸。这次他赚取1.8万美元。

第二年，戴尔步入了奥斯汀市的得克萨斯大学。那时候，大学里每个人都想拥有自己的电脑，但由于售价太高，许多人买不起。戴尔于是想："经销商的经营成本并不高，为什么要让他们赚那么丰厚的利润？为什么不由制造商直接卖给用户呢？"戴尔了解到，国际商业机器公司（IBM）规定经销商必须按时提取一定数额的个人电脑，但是多数经销商都无法把电脑全部卖掉。他同时知道，如果存货积压过多，经销商也会面临很大的损失。于是，他按成本价购买了经销商的部分存货，然后在宿舍里加装配件，改进性能。这些经过改良的电脑特别受欢迎。戴尔发现市场的需求特

别大，于是在当地刊登广告，以零售价的8.5折推出他自己改装过的电脑。没过多久，许多商业机构、医生诊所和律师事务所都成了他的主顾。

随后，戴尔拿出全部储蓄创办了戴尔电脑公司，此时他19岁。他租了一个只有一间房的办事处，雇用了第一位职员——一名28岁的经理，负责处理财务和行政工作。在广告方面，他在一只空盒子底上画了公司的第一个广告草图。朋友按草图重绘后拿到报馆去刊登。

戴尔仍然直销经他改装的IBM个人电脑。第一个月的营业额就达到了18万美元，第二个月26.5万美元，不到一年的时间，他便每月可以销售出个人电脑1000台。积极推行直销、按客户的要求装配电脑、提供退货还钱以及对失灵电脑“保证翌日登门修理”的服务措施，为戴尔的电脑公司赢得了广阔的市场空间。此外，公司还鼓励雇员提出新的主意。雇员提了主意后，如果公司认为值得一试，那么，即使试验后认定主意不可行，雇员也会获得奖赏。到了迈克尔·戴尔大学毕业的时候，他的公司每年营业额已达到7000万美元。戴尔停止出售改装电脑，转为自行设计、生产和销售电脑。

如今，戴尔电脑公司在全球多个国家已经设立了附属公司，每年的收入超过600亿美元，职工大约有5万名。

故事微语

万事开头难！要干成一件事情，第一步在实施起来的时候总是困难重重。于是，一部分人便迟疑不决，犹豫不定，而对于一个有理想的人来说，这样迟迟不见行动是十分有害的，不仅妨碍实现自己确定的目标，而且会消磨意志，使自己逐渐丧失进取心。

“面对悬崖峭壁，一百年也看不出一条缝来。但用斧凿，能进一寸进一寸，能进一尺进一尺，不断积累，飞跃必来，突破随之。”行动了才会有结果，如果你现在有什么想完成的目标，有什么未完成的梦想，那就开始行动吧！

心灵箴言

口言之，身必行之。

——墨子

骏马要看它的前胸，人要看他的行动。

——维吾尔族谚语

空有语言而无行动的人，犹如杂草丛生的花园。

——欧洲谚语

那种一味期待而从不行动的人们，是滋生瘟疫的温床。

——[美] 布莱克

第三篇

提高效率，掌控成功跳动的节奏

只有惜时、准时的人，才能超越过去，放眼未来，把握当下；才会有积极主动的热情，有目标、有计划，求真务实，讲究时间效率，敢于并肯于付出；才能做事认真，恪守诚信，言出必行。让我们学会提高效率，掌控成功跳动的节奏吧！

惜时准时才会用时间

故事话题

爱迪生从小就对很多事物感到新奇，而且还乐意亲自去试验一下，直到搞清楚其中的道理为止。长大以后，爱迪生就根据自己在这方面的兴趣，专心做起了研究和发明的工作。他在新泽西州建立了一个实验室，一生共发明了电灯、电报机、留声机、电影机、磁力析矿机、压碎机等共计两千余种东西。爱迪生的研究改进了人类的生活方式，对人类的进步作出了重大的贡献。

“浪费，最大的浪费莫过于浪费时间了。”爱迪生时常对助手说，“人生太短暂了，要多想办法，用极少的时间办更多的事情。”

一天，爱迪生在实验室工作的时候，递给助手一个没上灯口的空玻璃灯泡，交代助手：“你量量灯泡的容量。”他接着低头工作了。过了大半天，他问助手：“容量多少？”他没听见回答，转头只见助手拿着软尺在测量灯泡的周长、斜度，并拿了测得的数字伏在桌上计算着。他说：“时间，时间，怎么费那么多的时间呢？”爱迪生走过来，拿起那个空灯泡，向里面倒满了水，交给助手，说：“里面的水倒在量杯里，马上告诉我它的容量。”助手立刻做出了解答。爱迪生说：“这是多么容易的测量方法啊，它又准确，又节省时间，你怎么想不到呢？还去算，那岂不是白白地浪费时间吗？”助手的脸红了。爱迪生继续说：“人生太短暂了，太短暂了，要节省时间，多做事情啊！”

故事解析

时间是一种珍贵且不可再生的资源，是一切活动得以顺利进行的前提。人人都是时间的消费者，一个人的人生价值也是在时间的流逝之中得以实现。时间，已经不仅仅是一种物理概念，更体现出一种人生的修养与境界！

俗话说：一寸光阴一寸金，寸金难买寸光阴。时间对于我们每个人都是珍贵的，我们都要增强时间观念，驾驭好时间，做时间的主人，做到惜时、准时。驾驭时间，就要增强对时间流逝的敏感和认识，从成人成才者的经历中获得启示和激励，就是要做到自律，更要掌握管理时间的原则方法。

故事穿越

鲁迅在13岁那年，他的祖父因科场案被逮捕入狱，父亲又长期患病，家里因此变得十分贫穷，他经常到当铺当掉家里值钱的东西，然后再去药店给父亲抓药。有一次，父亲病重，鲁迅一大早就去了当铺和药店，到学校的时候，老师已经开始上课了。老师看到他迟到，就生气地说："十几岁的学生，还睡懒觉，上课迟到。下次再迟到就别来了。"

鲁迅听了，只是点了点头，没有为自己作什么辩解，低着头默默地回到自己的座位上。

第二天，他早早地来到学校，在书桌的右上角用刀刻了一个"早"字，心里也暗暗地许下承诺：以后一定要早起，不能再迟到了。

以后的日子里，父亲的病越发的重了，鲁迅更频繁地到当铺去当东西，然后到药店去抓药，家里的很多活也都落在了他的肩上。鲁迅每天天还没有完全亮的时候就起床了，料理好家里的事情后，再到当铺和药店，之后再急匆匆地跑到私塾去上课。虽然家里有这么大的负担，可是他再也没有迟到过。

在这些艰苦的岁月里，每当鲁迅气喘吁吁地准时跑进私塾，看到自己刻下的"早"字，就会觉得开心，因为他又一次战胜了困难，又一次实现了自己的承诺。

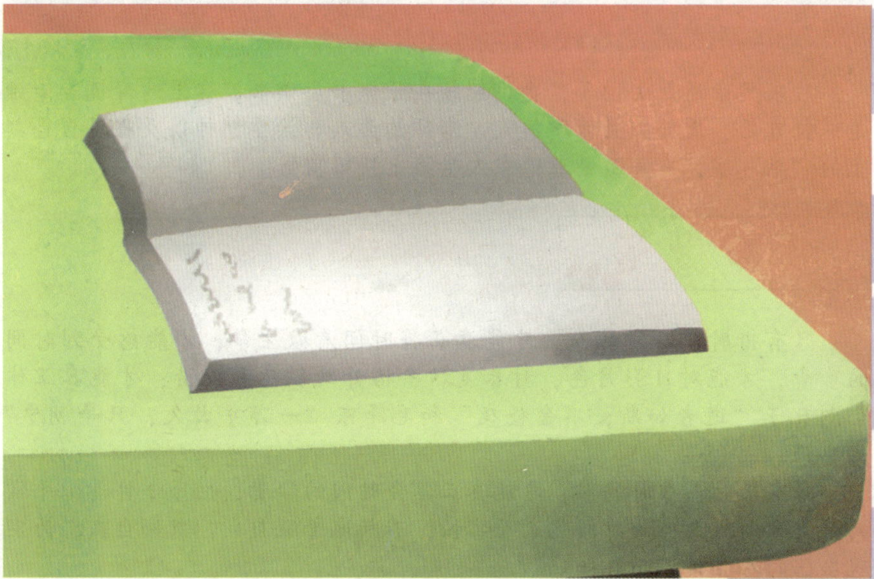

后来父亲还是去世了，鲁迅继续在三味书屋读书，这里的寿镜吾老师是一位方正、质朴并且博学的人。老师的为人和治学精神以及鲁迅自己刻上的“早”字，一直激励着他在人生路上拼搏前进。

故事微语

只有惜时、准时的人，才能真正将时间看做生命，才能感受到时间的珍贵，才能对日影月色，对春夏秋冬格外的敏感和惋惜；才能真正体会到孔子“逝者如斯，不舍昼夜”和毛泽东“一万年太久，只争朝夕”的感慨。

只有惜时、准时的人，才能真正体会时间的珍贵，把每一件看似平常的事都做到极致；为时间飞逝而害怕，不断地警醒自我，激励自我，为实现自己的人生目标而奋斗。

心灵箴言

花有重开时，人无再少年。

——关汉卿

谁虚度年华，青春就要褪色，生命就会抛弃他们。

——[法] 雨果

据我观察，大部分人都是在别人荒废的时间里崭露头角的。

——[美] 福特

当许多人在一条路上徘徊不前时，他们不得不让开一条大路，让那珍惜时间的人赶到他们的前面去。

——[希腊] 苏格拉底

世界上最快而又最慢，最长而又最短，最平凡而又最珍贵，最容易忽视而又最令人后悔的就是时间。

——[苏联] 高尔基

提高执行力，用心去做事

故事话题

朋客来餐厅的服务是非常有名的，这里的任何员工都能把工作做到极致。

因为妻子怀孕，周先生想请朋友一起庆祝一下，于是特意到朋客来餐厅预定了一个包间。

客人都到齐了，朋客来的餐厅服务员首先端上来的是一只用面粉制作的可爱的小兔子。一开始，周先生还以为上错菜了，但服务员小梁却满脸笑容地说，这是他特意叮嘱厨房提前准备的，因为今年是兔年，恭喜周先生夫妇得了一个兔宝宝。

这让周先生夫妇非常开心，连连说谢谢。

在上菜的间隙，小梁又端上了几个果盘和餐点，里面有花生、大枣、莲子、桂圆等。小梁解释说这是餐厅特意为周先生制作的，取“早生贵子”的谐音。

服务员的两次惊喜让周先生和朋友们乐得合不拢嘴，用完餐之后还表示以后的聚会将全部选定在这家餐厅。

故事解析

用心做事的人，都是执行力很强的人。他们在对工作的热心上，不仅多一份热心，而且多一份细心，这就使他们多了一份机会，多了一份出色。

很多时候，大家都在做着同样的事情。既然自己和别人没有任何区别，机会又怎么会偏偏选择你呢？这时候，你要想比别人更出色，那么你就必须提升一下自己的执行力，不仅仅是为了工作而工作，还要用心去做事，那么，机会之神可能就此来临，自己想获得的成功也就会随之而来。

故事穿越

在法国巴黎，清晨酒店一开门，一名漂亮的法国小姐微笑着和郑先生打招呼："早，郑先生。"

"你怎么知道我姓郑？"

"郑先生，我们每一层的当班小姐要记住每一个房间里客人的姓名。"

郑先生心中很高兴，乘电梯到了一楼，门一开，又一名法国小姐站在那儿，"早，郑先生。"

"啊，你也知道我姓郑，这怎么可能呢？"

"郑先生，上面的当班小姐打电话说你下来了。"原来她们腰上挂着对讲机。

于是她带郑先生去吃早餐，餐厅的服务人员也替郑先生上菜，都尽量称呼他郑先生，这时来了一盘点心，点心的样子很奇怪，郑先生就问服务员“中间这个红红的是什么？”

这时郑先生注意到一个细节，那个小姐看了一下，就后退一步说那个红红的是什么……。

“那么旁边这一圈黑黑的呢？”郑先生问。

服务员上前又看了一眼，又后退一步说那黑黑的是什么……。

这个“后退一步”就是为了防止自己的口水会溅到菜里。

郑先生退房离开的时候，刷卡后服务员把信用卡还给他，然后再把他的收据折好放在信封里，还给郑先生的时候说，“谢谢你，郑先生，真希望第七次再看到你。”

第七次再看到？原来那次是郑先生第六次去。

3年过去了，郑先生再没去过法国。有一天他收到一张卡片，发现是法国的那家酒店寄来的：“亲爱的郑先生，3年前的5月12号你离开以后，我们就没有再相遇，公司全体上下都很怀念您，下次经过法国一定要来看看我们。”

下面写的是“祝你生日快乐”。原来写信的那天是郑先生的生日。

故事微语

完美的执行能力是一种服从、虔诚的态度，一种负责、爱岗敬业的精神。这就是为什么满街的咖啡店，却唯有星巴克一枝独秀的原因；也是戴尔独占个人计算机 [PC] 鳌头的原因；同样也是沃尔玛雄居零售业榜首的原因。道理何在？关键就在于是否具有非常强的执行力，是否用心去做事了。

提高执行力，用心去做事，才能更好的立足在这个社会上。执行力是一个人的优良品质，是对自己和他人负责的一种态度。我们也要逐渐培养自己的执行力，以便将来更好的适应这个竞争激烈的社会。

心灵箴言

没有执行力，哪有竞争力。

——[美] 杰克·韦尔奇

管理是一种实践，其本质不在于知，而在于行。

——[美] 彼得·德鲁克

在未来的 10 年内，我们所面临的挑战就是执行力。

——[美] 比尔·盖茨

执行力就是在每一阶段、每一环节都力求完美，切实执行。

——[美] 迈克尔·戴尔

只有付出多少，才能得到多少

故事话题

张三和李四两个人死后来到阴曹地府，阎王查看完功过簿后说：“你们两个人前世没有做过什么大的坏事，准许你们继续投胎为人。但是现在你们面临两种选择：付出的人和索取的人。也就是说，你们中的一个人必须过付出、给予的人生；另一个人则必须过索取、接受的人生。你们自己选择吧！”

张三听了，暗暗地想：索取就是坐享其成了，我可不想一辈子总是付出。于是，他抢先说：“我要过索取、接受的人生。”

阎王继续问李四：“你的选择呢？”

李四则表示甘愿过付出、给予的生活，不愿意过总是索取的生活。

阎王听了他们的想法，便马上做了判定。因为张三想过索取、接受的生活，他便成了一名乞丐，每天向别人索取，接受施舍。李四因为选择了过付出、给予的人生，他投胎后便成为了一名富翁，平日里乐善好施，为自己赢得了很好的名声。

故事解析

乞丐的人生是每天向别人索取，接受施舍。要想拥有财富和名誉，要想使自己的人生充满意义，就必须放弃乞丐的观念，学会像故事里的富翁一样不断地付出和给予，学会乐善好施，为自己赢得好名声。

我们要从现在开始学会付出，只有付出多少，才能得到多少。只有愿意帮助别人，爱护别人的人，别人才会同样不吝啬自己的帮助和爱护。只有付出多少，才能得到多少，不要吝啬自己的付出，相信付出的结果总是收获，收获名声、财富和机遇等。

故事穿越

两名半工半读的斯坦福大学生组织的音乐会上，请到了举世闻名的波兰钢琴家帕德雷夫斯基，但是帕德雷夫斯基的经纪人告诉两名学生他们必须支付 2000 美元作为酬劳。

两名大学生卖力地为这次音乐会进行宣传，但只收到了 1600 美元。他们垂头丧气地将所做的努力和结果如实地告知了帕德雷夫斯基，并把 1600

美元全部交给了他，并留了张欠条，承诺会将余下的400美元尽快偿还。可帕德雷夫斯基却将欠条撕了，并将1600美元还给两名学生。“把你们的开销从中扣掉，”帕德雷夫斯基说，“剩下的，你们每人领取10%的报酬，余下的再给我。”

多年后，钢琴家遇到了一个大难题——他需要报答饱受战争摧残的波兰人民。不可思议的是，还没等钢琴家提出请求，就有成千上万吨食物开始从美国运往波兰。

钢琴家后来去感谢胡佛，也就是当时美国救济工作的负责人。“那没什么，”胡佛说，“我知道你们迫切需要帮助。可能您已经不记得了，当年我需要帮助时，您曾慷慨解囊，我就是当年您帮助过的两名大学生中的其中一位。”

故事微语

帕德雷夫斯基多年前播下的种子终于意外的获得了大丰收。事实也正如此，有付出就有收获。如果只索取，不懂得付出，怎么能谈得上收获？

当今的社会竞争如此激烈，人们的生活压力也越来越大，只有不懈地努力和付出，才能在这个社会上很好的生存下去。即使现在的学习和生活不尽如人意，也不要消沉下去。应该咬紧牙关去努力，生活才会有激情和活力！为了实现理想，为了能有美好的明天，坚定信念，努力吧！相信只有付出多少，才能得到多少！

心灵箴言

人生在勤，不索何获。

——张衡

聪明出于勤奋，天才在于积累。

——华罗庚

形成天才的决定因素应该是勤奋。

——郭沫若

业精于勤而荒于嬉，行成于思而毁于随。

——韩愈

告别慵懒，加快节奏

故事话题

从前，有个农民得了重病，请了很多的医生，但是都治不好。

农民没有钱留给孩子，很担心孩子们不勤劳没有饭吃。农民很快想了一个好办法，他把孩子们叫到了自己的床前。“孩子们，我在苹果园里给你们埋下了很多钱。”农民虚弱地说。说完农民就死了，孩子们马上拿着犁头去苹果园里翻地。

第一天，他们把整个苹果园翻了一遍，没找到。他们找了很多天，把地挖得很深，还是没找到。最后，由于土地经常翻耕，他们的苹果长得非常的好。孩子们将苹果卖了很多钱，也懂得了父亲说的那番话的意思。

故事解析

勤劳是人们最大的财富。故事中的父亲因为害怕孩子因为懒惰而没有饭吃，就只好想了“地下有宝藏”这个办法。人性有很多弱点，慵懒就是其一。在我们心灵深处的某个角落，潜藏着怕吃苦、怕麻烦等思想，表现在我们的生活中，有时候就是慵懒的现象。我们要告别慵懒，加快自己的节奏，让自己变得更有活力，更有激情。

要治疗慵懒的毛病，就必须使用加快节奏这服特效药。我们要根据自己的实际情况，科学安排自己的时间。将工作、学习、休息、娱乐的时间作一个比较合理的安排。让自己可以更好地学习和生活。

故事穿越

在火车上，一个年轻人一直在不停地写东西。坐在他旁边的中年人凑过去看了看，原来他在给客户写短笺。中年人开口说话了：“年轻人，我注意到了，在这两个小时的时间内，你一直在给客户写信。你是一个出色的员工。”

年轻人抬头微笑地看着这个男子：“是的，先生，如果不是出差在火车上，现在正是我的上班时间，这时候我本就应该在给客户写信。”

中年人对年轻人的这种快节奏的工作效率很是欣赏，希望他能够成为自己的助手，于是说："我想聘请你到我公司来做事，尽管我知道你现在的待遇肯定特别的高，但是我提供给你的待遇绝对不会比他差。"中年人充满期待地看着年轻人。

不过，年轻人拒绝了中年人。因为，他也是一位公司的老板，而且他正在快节奏的打造自己的公司品牌。

故事微语

年轻人快节奏的生活就是为了能够更快更好地实现自己的理想，如果年轻人是慵懒的，毋庸置疑，他绝对不可能取得现在的成就，而这也是他身上的发光点，深深地吸引着中年男子的注意力，让他提出高待遇来聘请年轻人。

我们也应该向这位年轻人学习，学会高效率的做事，如果做事情总是拖拖拉拉，那么，这无疑就是浪费自己的时间。从现在起，让我们打起精神，告别慵懒，加快节奏地开始追梦之旅吧！

心灵箴言

聪明出于勤奋，天才在于积累。

——华罗庚

对搞科学的人来说，勤奋就是成功之母！

——茅以升

时间是个常数，但也是个变数。勤奋的人无穷多，懒惰的人无穷少。

——佚名

成功的窍门在于出手要迅捷

故事话题

20 世纪 80 年代初，很多个体户纷纷南下深圳。在广州，人们都把目光盯在 T 恤、牛仔等令人眼花缭乱的服装上，以便回到当地的市场上引导服装新潮，大赚一笔。

然而第一次涉足高第街的张大伟，跟其他人都不一样，他在服装的大潮中看到了一个更具特色的东西——榨汁机！

这种机器不仅外形特别亮丽，而且功能也十分奇特。当你喝上它榨出来的果汁的时候，就会觉得冰凉、清新、沁人心脾。这么好的东西，广州能有，而当时的北方，虽然人口众多，但在市场上还没有人见过。

独具慧眼的张大伟，一眼就看中了它！

但是榨汁机身价很高——3000 元！这个数字，几乎是张大伟第一次南下广州的全部资本。尽管如此，他还是将它买了下来！

张大伟携带榨汁机北上，当这台榨汁机出现在当地的时候，就刮起了果汁的热潮：冒着大汗的游人，排起了长队……张大伟一下子赚了 10 多万元。

就在第一台榨汁机在当地独领风骚的时候，他又毅然决定卖掉这台立下汗马功劳的机器！

很多亲朋好友都吃惊地发问："这个夏天还未结束，钱像流水似的进来了，这好比是一台印钞机啊，你怎么舍得把它卖掉呢？你是不是脑袋进水了！"

在张大伟看来，这台榨汁机今年所以独领风骚，就是因为它是第一台，独家经营。一些脑袋反应快的人，肯定会跟风而上。明年在这里将会出现上百台，竞争的激烈程度可想而知。

正如张大伟所预料的那样，第二年夏天，当地的榨汁机到处可见，比比皆是。虽然还有人畅饮，但已经没有了排长队的景象了。

张大伟牛了，亲友们服了。

张大伟又发现了新的机会，他利用这笔"原始资本"，进行了新的投资……

故事解析

出手迅捷的人往往能把握住机会，成就一番大事业。就要趁热打铁、趁阳光灿烂的时候晒衣服。往往就在几分钟之间，胜利与溃逃、成功与失败就会产生，其结局大相径庭。

有多少的名人事迹证明了“成功的窍门在于出手要迅捷”，在这个发展如此迅速的时代里，如果在机会来临的时候，还犹豫、彷徨，不知所以。那么，眼疾手快的人就会立即抢占先机，独占鳌头。那时候，我们再想把握机会，已经是为时晚矣，所以当机会来临的时候，就让我们快速出手，抢占先机吧！

故事穿越

大森里面有一个小狮子，很活泼，但是有一个缺点就是爱拖拉。小狮子拖拉的毛病已经很长时间了，是从小就养成的习惯。

小时候小狮子就非常的拖拉了。比如，放暑假了，狮妈妈让它上午写作业，狮子就说："上午让我玩会吧，下午我再写作业也行。"到了下午，狮子心想明天还有时间呢，还是明天再写作业吧。到了第二天，狮子心想说："今天先玩吧，暑假时间长着呢，以后再写吧。"拖到最后，开学的时候，狮子的作业也没完成，还被老师批评了。

现在狮子已经长大了，在一个公司上班了。一天，大象老板给狮子布置了一个任务，让狮子一定在一个月的时间内完成。

第一天，狮子说："一个月的时间长着呢，也不急于这一天。"于是就把任务放在了一边。

到了第二天，狮子心想：还有那么长时间呢，才第二天呢，一个月的时间肯定够了，明天开始做吧。就这样一拖再拖，到了快要交任务的时候，狮子已经来不及完成了。一个月时间过去了，当大象向狮子要任务结果时，狮子抓了抓脑袋，只能说没有完成任务。大象失望的摇了摇头，然后就把狮子开除了。

故事微语

故事里的狮子做事拖拖拉拉，最终得到了惩罚。我们不要像这个狮子一样，做事一定要干脆，出手要迅捷。决定了的事情，一定要立刻去做。一旦养成了拖拉的坏习惯，要想做好什么事情就会变得难起来。

人生苦短，在这有限的时间内，如何让自己获得成功呢？我们无法延长时间，但我们可以追求效率，做到出手迅捷，以此来达到成功。如果你不甘平庸，想要获得成功，那就从现在开始学会提高效率吧！

心灵箴言

如果有什么需要明天做的事，最好现在就开始。

——[美] 富兰克林

盛年不重来，一日难再晨，及时宜自勉，岁月不待人。

——陶潜

明日复明日，明日何其多！日日待明日，万事成蹉跎。世人皆被明日累，明日无穷老将至。晨昏滚滚水东流，今古悠悠日西坠。百年明日能几何？请君听我《明日歌》。

——文嘉

第四篇

求真务实，踏实才是执行的步调

执行力不仅是一个系统工程，更是一门学问。只有具有优良的品质才能具有完美的执行力，而诚信则决定着个人执行力的高低。无论如何都要怀着热情去脚踏实地地做事，真正做到求真务实，勤奋做事。相信一个诚实可信的人，生活也不会亏待于他。

执行，没有任何借口

故事话题

1898 年，美国准备宣战西班牙，麦金莱总统认为战争能否取得胜利的关键是与古巴起义军合作，尽快同卡利斯托•加西亚将军，也就是古巴起义军的领导人联络上。但是此时，加西亚将军正率部为独立而战，西班牙人正在全力搜捕他，没有人知道他确切的消息。

麦金莱总统召见瓦格纳上校，想要找一个信使能把信送到西亚将军那里。瓦格纳上校举荐了一位年轻的中尉——罗文。一个小时之后，罗文来到瓦格纳上校面前。“小伙子，”瓦格纳上校说，“你的任务是把这封信送给加西亚将军，他也许在古巴西部的什么地方……你只能独立完成这项任务。”说完，瓦格纳上校握了握罗文的手，又强调说：“把信送给加西亚。”罗文什么也没问就走了，他历尽险阻终于把信交给了加西亚将军，并将将军的回复转达给了麦金莱总统。

故事解析

从罗文身上，我们挖掘到了很多优秀的品质，如敬业、忠诚，这都是执行的要素。当瓦格纳上校交代完任务后，罗文什么也没有问，立即动身出发了，并出色地完成了任务。一旦树立起了无条件服从的责任意识，执行就会立即得以实施，在这个讲究效率的时代里，还意味着抢占了先机。

要提升执行力，就必须发扬严谨、务实、勤勉的精神，避免夸夸其谈和纸上谈兵。一件一件抓落实，养成脚踏实地、埋头苦干的良好习惯。不要在任务派发给自己以后找这样那样的理由，这样只能使自己远离成功。

故事穿越

有一次，格兰特将军到西点军校视察，有位学生向格兰特提问题：“总统先生，请问是西点的什么精神使您勇往直前？”

“没有任何借口。”格兰特回答。

“如果您在战争中打了败仗，您必须为自己的失败找一个借口时，您怎么做？”“我唯一的借口就是：没有任何借口。”

在格兰特参加西点军校学习时，新来的学员无论出身如何，一律在领到军服后，被带到“野兽营”待3个星期，学习如何敬礼、操练以及整理内务。3周后他们将领到帐篷，然后行军到夏季营地。

他们在夏季营地支起帐篷，每两个人住一顶，睡在木地板上。每天早上5点30分，鼓笛乐队吹打着集合号鼓穿过营地，这意味着新的一天开始了。新兵们在整队吃完早餐后，再整队返回，然后换上白短夹克、白裤子和白头盔，准备参加卫兵换班仪式。

通过这种训练，使学员们形成了军人那种特有的纪律观念、责任观念和荣誉观念，以及自我牺牲精神、集体主义精神。为了达到这个目的，军校制定了名目繁多的规章制度，事无巨细，吃喝拉撒睡无一例外的有要求，使学员们整天投入在紧张而艰苦的学习和训练，无暇他顾。

故事微语

格兰特将军精确地阐述了"没有任何借口"的深层含义。在西点军校的训令中，"没有任何借口"每一个人都耳熟能详。在社会上，了解西点这一传统的企业和员工也大有人在，但真正了解它的准确含义的人却并不多见。

格兰特的"没有任何借口"，就是不找任何借口、不设任何条件，一开始就全力以赴去完成任务。"没有任何借口"的最终的结果只有一个：执行任务，并完成任务。

在战争中，这是一条铁的纪律。那些一开始就找借口的士兵，肯定会被敌人消灭；那些一开始去努力，最后还是没有完成任务的士兵，同样也将被敌人消灭。因为敌人不管你找到的任何借口。

心灵箴言

制度不执行，比没制度危害更大。

——[英] 培根

采取无为的执行过程，才能大有为。

——曾仕强

执行力是从上贯彻到下，手不要总往下面指。

——余世维

倘使我逆着实力来判案，我的判决便不能执行。

——[法] 法朗士

决定问题，需要智慧，贯彻执行时则需要耐心。

——[希腊] 荷马

不找借口，意味着你是一个成功的人

故事话题

雷曼斯是公司里的一位老员工了，以前专门负责跑市场，深得上司的器重。只是有一次，他因为疏忽，一笔业务让别人捷足先登了，造成了很大的损失。事后，他解释了失去这笔业务的原因。那是因为他的头痛病发作，比竞争对手迟到半个钟头。领导因为不想让他难堪，也就没再追究这件事情。

以后，每当领导要他出去联系有点棘手的业务时，他总是以他的头痛病发作，不能胜任这项工作作为借口而推诿。

其实，雷曼斯确实有点头痛，但是情况并不是很严重，根本不影响他的工作。

第一次，领导比较理解他，原谅了他。雷曼斯好不得意，他认为领导这是太器重自己的缘故。

但如果有比较好揽的业务时，他就会跑到领导面前，说自己的脑袋有问题，要求领导在业务方面有所照顾，比如就易避难、趋近避远，如此种种，他很大一部分的时间和精力都花在如何寻找更合理的借口身上。碰到难办的业务时就会以头痛作为理由推掉，好办的差事能争就争。时间一长，他的业绩直线下滑，没有完成任务他就谈起自己的头痛。总之，他现在已习惯因头痛的问题在公司里可以迟到，可以早退。但是，不久之后雷曼斯被炒了。

故事解析

抛弃找借口的习惯，你就会在学习和生活中学会越来越多的解决问题的技巧，这样借口就会离你越来越远，而成功也就随之离你越来越近。

不找借口，意味着你比别人有了更多成功的机会，意味着你可以全力以赴地完成任务，没有私心杂念；不找借口，意味着你可以更好地挖掘自己的潜力；不找借口，还意味着你的生活中将任务当做目标，全力以赴；不找借口，意味着你是成功的人，可以淡定的接受每一次任务。

故事穿越

亚尔弗列得在第一次奉命前去某外地服役的时候，接到了上司指派给他的一个任务，这个任务包括七件事：去见一些人；请示上级一些事；申请某样东西，其中包括地图和当时严重缺货的乙酸盐；等等。

一经委派，亚尔弗列得立刻向上司保证，他会把七件事情都完成，虽然他还没有时间思索应该怎么去做。

果然，像上司所担心的那样，各件事情都不太顺利，其中乙酸盐的申请环节最为不顺。为了兑现自己的承诺，亚尔弗列得滔滔不绝地向负责补给的人员说明理由，希望他能够从仅有的存货中拨出一点给自己。看乙酸盐的负责人就是不同意，亚尔弗列得就一直缠着他讲了下去，最后，不知道是从亚尔弗列得的讲述中得知了乙酸盐的重要性，还是实在被搞烦了，乙酸盐的负责人终于批准了他的请求。

当圆满完成任务的士兵亚尔弗列得前去上司办公室复命时，颇感意外的上司居然一句话也说不出来。因为在他的意识里，在如此短的时间内同时做完那七件事是不可能的。或者也可以说，即使不能完成任务，他也不会怪罪亚尔弗列得，时间问题倒是其次，关键是申请乙酸盐几乎是不可能的。要知道在此之前，已经有不计其数的申请者“惨败而归”了。

“你是怎么做到的？难道你就没想到会遇到很多困难吗？”愣了半天之后，上司终于问道。

“不可能？怎么会不可能呢？这是你交给我的任务啊？而且我也已经向您保证了会完成。”亚尔弗列得回答道。

“我知道这件事很可能会完不成，所以早就准备好了听你的任何借口，不想……”

“借口？”不等上司说完，亚尔弗列得很惊讶地重复道，“我没有想过要找什么借口，我只想怎么把乙酸盐要来。”说到最后，亚尔弗列得几乎在自言自语了。

“我知道了！”上司忽然明白了什么似的说道，“正因为你没有想过找借口，你才办到了这件事！”

后来，从不为失败找借口的亚尔弗列得一直升到了上校。

故事微语

不要把宝贵的时间和精力浪费在寻找合适的借口上，借口无论如何也改变不了结局，而且，一旦养成找借口的习惯，你就很难会获得成功。不找借口，看似缺乏人情味，但是它却可以激发一个人的潜能。无论你是谁，在生活中，无须找寻任何借口，不找借口才意味着你是一个成功的人！

不找借口，生活中的你将热情四溢，可以抓住希望的翅膀飞翔；不找借口，在遇到困难的时候就不必挖空心思编织花言巧语地为自己开脱，而是积极主动地去面对这些困难。这样的我们将永远充满热情，也就离成功越来越近。

心灵箴言

宿命论是那些缺乏意志力的弱者的借口。

——[法] 罗曼·罗兰

口实比谎言更可怕，因为口实是设了防的谎言。

——欧洲谚语

那些给别人带来不幸的人有一个共同的借口，那就是他们的出发点是好的。

——佚名

天才的灵感来自辛勤的工作

故事话题

孔子，名丘，字仲尼，是我国春秋时期著名的思想家、教育家和政治家，也是我国儒家学说的创始人。他之所以能成为圣人，与他小时候的刻苦勤奋是分不开的，正应了那句“天才来自勤奋”。

孔子的母亲在孔子刚刚三岁的时候，就开始教他读书识字，在孔子四岁的时候，就已经会念百余字了。

有一天，孔子的妈妈说：“昨天我教你的字会背了吗？”

孔子说：“都记住了。”

妈妈说：“那好，明天一早我考考你。”

这天晚上，孔子钻入被窝后对哥哥说：“哥哥，妈妈教给你的字都记住了吗？”

哥哥说：“都记住了。你呢？”

孔子说：“我已经练了多遍，也许都记住了，可又没有把握，明天一早娘要考我，若有不会的，娘一定非常伤心和难过。不行，我一定要起来再多练几遍。”

孔子的哥哥被他这种刻苦学习、孝顺母亲的精神打动了，心疼地说：“天气凉了，别起来练了，就在我的肚子上写吧。我能觉出对错，也好对你写的做个检查！”

于是，小孔子就在哥哥的胸口上写了起来。小孔子每写一字，都念出声来。可这声音越来越小，当他写完最后一个字的时候，声音也没了。哥哥验完他的最后一个字，听着他均匀的呼吸声，望着他甜中带笑的睡容，既心疼又爱怜。

第二天一早，当母亲考核时，他一遍通过。母亲惊喜地说：“这孩子真神了，前天教了他那么多字，只过了一天，就如此滚瓜烂熟，将来准能干大事啊！”

小孔子望着母亲欣喜的面容，也高兴地笑了。然而微笑的脸上也伴着两行泪水。

站在小孔子身旁的哥哥，深深地理解他，知道在弟弟超人的天资背后，更多的是弟弟那刻苦勤奋的汗水。

故事解析

孔子之所以能成为一代圣人，除了天资聪颖的原因外，靠的是后天辛勤的学习。成功与勤奋有着密不可分的关系，成功是勤奋的结果，而勤奋则是成功的必备条件。成功的关键在于勤奋，勤能补拙是良训，一分辛劳一分才，只有勤奋才能取得成功。

成就和辛劳是成对比的，一份劳动就有一份收获，日积月累，奇迹就可以被创造出来。让我们向孔子学习吧！学会辛勤的工作和学习，不断地提升自我的能力，争取早日到达成功的彼岸。

故事穿越

陈景润是中国著名数学家，厦门大学数学系毕业。

青年时期，陈景润为了摘取“皇冠上的明珠”，坚持每天凌晨3点起床，然后去学习外语，同时每天去图书室，将自己沉浸在数学知识的海洋之中。有3天中午，图书室的管理员在临走时曾大声喊叫，问图书室里面是否还有人，但全神贯注看书的陈景润却什么也没有听见，于是他被反锁在了图书室里。后来他望着那紧锁的大门，竟毫不在意的笑了一下，甚至不感到饥饿，继续不知疲倦的重回到书堆中。

陈景润正是由于这种勤奋，1966年发表《表达偶数为一个素数及一个不超过两个素数的乘和之和》（简称1+2），成为一代数学天才。

故事微语

陈景润之所以能够成为数学天才，除了先天聪颖之外，和他的勤奋是离不开的。正如爱迪生曾经说过：“天才，不过是百分之一的灵感加上百分之九十九的汗水。”辛勤是成功的秘诀。“一分耕耘一分收获”，“一分辛苦一分才”。没有耕耘，也就没有收获。

鲁迅先生曾经说过：哪里有天才，我只不过把别人喝咖啡的功夫都用在工作上了。我们要想获得成功，就从现在开始也勤奋起来吧，试着不再赖床，不再迷恋于网游，把更多的时间用在学习和工作上，相信我们获得成功的几率也会随之而变大。

心灵箴言

天才就是毅力。

——[法] 蒲丰

天才就是勤奋。

——[德] 歌德

天才就是忘我。

——[德] 叔本华

终生努力，便成天才。

——[俄] 门捷列夫

拿不准的事，问好再做

故事话题

毕业后，张良梅做的第一份工作是在一家服装公司做销售。有一次，张良梅联系了很久才争取到了一位客户。签合同那天张良梅又兴奋又紧张，努力做好万全的准备，还带去了一些客户需要的工作服样品。没想到客户觉得样品很不错，签完合同后又决定再从她们公司订制一些衬衫。

这可真是意外之喜！

张良梅痛快地答应客户，马上就回公司把衬衫的样品拿了过来。客户对衬衫也很满意，当场就敲定了款式和面料。

在报价的时候，张良梅犹豫了一下，其实张良梅对衬衫的业务不太了解，到底该报什么价格她也拿不准。可是因为不想失去这个单子，张良梅就按照以前听同事闲聊时说过的价格报了上去。合同顺利地签了下来。

等张良梅兴高采烈地回到公司，准备申请款项去买面料的时候，张良梅才发现，客户订的面料实际价格竟然比自己的报价要贵了三倍！

这样一来，这个单子不仅没有赢利，反而给公司造成了损失。

可是合同已经签了，为了维护信誉也没办法再更改了，所以这笔损失只好由她自己来赔付。

这件事情对张良梅影响非常大，从此张良梅给自己总结出了一条必须遵守的工作准则：拿不准的事，一定要向有关领导、客户和同事去询问，问好了，一切都明白了，再开始去做。

因为迫切想要成交，张良梅在“拿不准”的情况下自作主张，结果好事反倒变成了坏事。其实，打个电话问一下，也就是一分钟的事，这样的错误完全可以避免。

故事解析

许多人在执行任务的时候有一个毛病：不管自己对事情的有多大把握，说干就干，但是干出来的结果，却非常糟糕，小则吃力不讨好，大则给公司造成特别大的损失。而要解决这件事情的方法很简单，就是：拿不准的事情，问好再做。

就算是能力再强的人，也不可能对所有的任务、事情都拿得准。心中有疑惑、不能确定的时候，千万不要自作主张，想当然的认为怎么样就立即行动。遇到问题，不妨先问一下别人，问明白了再做也不迟。

故事穿越

以前有个砍柴人回家时赶上下雨，走到一座宅门之前避雨，但是家奴按照主人的吩咐在大门板上贴了一幅字：下雨天留客天留我不留。

雨不停地下，砍柴人坐在门蹲上没有走的意思，家奴就出来撵他。

砍柴人说：“你为什么这样，你家主人不是留我在这儿避雨吗？”

“我家主人留你？看到我家主人写的了吗？”家奴说，我家主人这里写的清清楚楚：“下雨天留客，天留我不留。”

可砍柴人却反驳道：这明明写着“下雨天，留客天，留我不？留！”

这时候，家奴也开始拿不住了，主人的意思到底是什么呢？但是看到砍柴人一本正经的样子，心里开始动摇了，于是同意了砍柴人在此休息。

房主在知道这件事情之后，责备家奴不先问好自己的想法就擅自决定，但还是被砍柴人的智慧折服，不仅将砍柴人让进屋以礼相待，还交成了朋友。

故事微语

家奴因为在没有完全理解主人的意思之前，就按照自己的意思处理了“下雨天留客天留我不留”这件事情，从而遭到了主人的责备。而他可以避免这件事情发生的做法很简单，在答应砍柴人避雨之前，问一下主人真实的意思就可以。

我们应该做到拿不准的事情问好了再做。因为很多事情可能自己的理解会有所偏差，如果没有十足的把握，最好在做之前，就先问清楚，问明白，不要等结果发生了以后，再懊恼、后悔、生气。

心灵箴言

谨慎是安全之本。

——英国谚语

在你下剪刀之前要量三次。

——意大利谚语

永远谨慎乃是至高无上的价值。

——[美] 马克·吐温

诚信决定执行力

故事话题

小镇上最大的一家企业招聘技术人员的消息不胫而走：月工资 8000 元，奖金除外，每年还可以有一次机会出国旅游观光。报考者蜂拥而至。

张大海坐在闷罐似的考场里，蒸腾的暑气加上烦躁的心情，让他大汗淋漓。面对考题他并不怵，外文、专业技术类考题都轻松地应对自如，唯有第二张考卷的两道怪题令他头疼：“您所在的企业或曾任职过的企业经营的诀窍有哪些？技术秘密有哪些？”

这两道题对于曾在企业搞过技术的应考者并不难。可张大海手中的笔却始终搁着，迟迟落不下去，多年的职业道德告诉他：上一家公司待我不薄，我怎能为了自己的饭碗而砸大家的饭碗呢？他心中翻江倒海，最终挥笔在考卷上写下四个大字：“无可奉告。”

张大海拖着沉重的脚步走向家里，进门后，老婆一再追问，他才道出了答题的苦衷。全家人沉默了。

正当张大海连日奔波，另谋职业之际，石破天惊，这家企业发来了录用通知。张大海技压群雄，白卷夺冠，这成为小城一大新闻。

故事解析

做人要有原则，无论在任何时间、地点，做人的原则不能丢。养成保持自己立场的习惯，才能保住自己的本色。要有所作为必须讲诚信。坚持诚信，成功或许就出现在不远的拐角处，获得成就也就指日可待。

总之，我们要提升个人执行力，就要时时刻刻保持诚信。因为诚信是最根本的品质，离开诚信，执行力也将无从谈起！

故事穿越

老木匠工作了三十多年后准备退休了，他告诉老板，说要离开建筑行业，回家和妻子儿女享受天伦之乐。

老板舍不得老木匠走，但是看他决心已定，也不好多加阻拦，于是问他是否能帮助自己再建一座房子，老木匠看着老板恳求的目光，不忍心说拒绝，于是有点勉强地说：“好吧，但这是我建的最后一座房子了。”

但是后来大家都看得出，老木匠的心已不在工作上，他用的是最差的木料，出的是粗活。房子建好的时候，老板把大门的钥匙递给他，说：“这是你的房子。是我送给你的退休的礼物。”老木匠震惊的目瞪口呆，羞愧的无地自容。

故事微语

老木匠在不知道房子是为自己建造的情况下，失去了诚信，也就没有了很强的执行力，当知道事情的真相后，“羞愧的无地自容”。何为诚信？许慎在《说文解字》中说：“诚，信也”、“信，诚也”，二者在本意上是相通的。“诚”的基本含义就是诚实不欺，即不自欺，也不欺人，包含着真诚于自己和诚实地对待他人的双重规定。而“信”的基本含义是信守诺言，说到做到。诚信，既是一种个人的内在品质。

诚信是立身处世的准则，是人格的体现。诚信之于执行力是万丈高楼的柱基。具有诚信的人，执行力就会体现在他的各个方面，从而使他全力以赴。

心灵箴言

一言既出，驷马难追。

——中国俗语

遵守诺言就像保卫你的荣誉一样。

——[法] 巴尔扎克

信用既是无形的力量，也是无形的财富。

——[日] 松下幸之助

一个人严守诺言，比守卫他的财产更重要。

——[法] 莫里哀

对人以诚信，人不欺我；对事以诚信，事无不成。

——冯玉祥

第五篇

关注细节，发现成功的最佳途径

生活中我们经常会发现，那些功成名就的人，往往是事无巨细的人。生命中的许多小事都蕴涵着令人不容忽视的道理，那种认为小事可以被忽略的想法，正是很多事情不能善始善终的根源。

打败对手，唯有做到比对手更细

故事话题

当宝洁公司推出汰渍洗衣粉的时候，市场占有率和销售额都在以惊人的速度飙升，可是没过多久，这种强劲的增长势头就渐渐消失了。宝洁公司的销售人员也非常纳闷，虽然进行了很多的市场调查，但却一直都没能找到销量停滞不前的真正原因。

于是，宝洁公司召集了一次产品座谈会。会上邀请了很多消费者，其中有一位男士说出了汰渍洗衣粉销量下滑的关键所在，他抱怨地说：“汰渍洗衣粉的用量太大。”

宝洁的领导们忙追问其中的缘由，这位男士说：“你看看你们的广告，倒洗衣粉要倒那么长时间，衣服是洗得干净，但要用那么多洗衣粉，算计起来更不划算。”

听到这番话，销售经理赶快把汰渍洗衣粉的广告找了出来，算了一下产品展示部分中倒洗衣粉的时间，一共为 3 秒，而其他品牌的洗衣粉，广告中倒洗衣粉的时间仅为 1.5 秒。

故事解析

在广告上“倒洗衣粉的时间”这么细小的一点疏忽，对汰渍的销售和品牌形象造成了很大的影响。如今，市场拓展的精髓所在：要打败对手，唯有做到比对手更细！国际名牌 PoLo 皮包凭着“一英寸之间一定缝满八针”的细致规格，20 多年一直是行业里的领军产品；德国西门子 2118 手机靠着附加一个小小的 F4 彩壳使自己也成为像 F4 一样的万人迷。

类似的以细节取胜的经营之道比比皆是，例如，一些高档餐厅准备了专供儿童使用的“baby 椅”；客人吃完螃蟹后，服务员便会立刻奉上滚烫的姜茶；商场在晚上关门前会播放诸如《回家》之类的音乐，让客人比较有情调的踏上回家的路……

故事穿越

1961 年 4 月 12 日，前苏联宇航员加加林乘坐 4.75 吨重的“东方 1 号”宇宙飞船进入了太空，并畅游了 89 分钟，成为世界上第一位进入太空的宇航员。加加林为什么能够从众多的宇航员中脱颖而出呢？

原来，在确定人选前的一个星期，航天飞船的主设计师罗廖夫发现一件事情：在进入飞船前，众多的航天员中只有加加林脱下鞋子，仅穿袜子进入座舱。就是这个不惹人注意的举动一下子赢得了罗廖夫的好感，他感到加加林这个青年既懂规矩，又如此珍爱他为之倾注心血的飞船，于是他决定让加加林执行人类首次太空飞行的神圣使命。

加加林通过一个并不起眼的细节，表现出了他珍爱他人劳动成果的修养和素质，这也为他赢得了首次遨游太空的机会。

故事微语

很多人都有这样一种思想，只想做大事，而不屑于做小事。但是无论做人、做事，都要从小事做起，只有这样才能打败对手。

老子就一直告诫人们：“天下难事，必作于易；天下大事，必作于细。”要想比别人更优秀，只能在每一件小事上下功夫。正如那句话：一屋不扫何以扫天下。不会做小事的人，怎么会做出大事来呢？

心灵箴言

泰山不让土壤，故能成其大；河海不择细流，故能就其深。

——李斯

我们的成功表明，我们的竞争者就是因为他们缺乏对细节的深层关注。

——佚名

细节不是“细枝末节”，而是用心，是一种认真的态度和科学的精神。

——汪中求

不放过细节。无视细节的企业，它的发展必定在粗糙的砾石中停滞。

——[日] 松下幸之助

我强调细节的重要性。如果你想经营出色，就必须使每一项最基本的工作都尽善尽美。

——[美] 克洛克

注重细节让你更卓越

故事话题

曾有一家电器公司的区域经理，对各种营销理论也耳熟能详，可业绩却不是很好。在他心里，始终觉得自己对负责的市场已经付出了很大的心血，也一直觉得自己是一名杰出的销售人员，是公司的业务明星。他总认为是总公司的支持政策迟迟不能到位才是他举步维艰的罪魁祸首。

但事实的情况和他认为的并不一样，他并没有全身心的把自己投入到工作当中：每天业务员出门干了什么他不闻不问，工作中只听业务员的汇报而基本不直接去了解市场，也有所谓的“工作汇报系统”，但是那上面并没有记录下任何东西——原因是业务员觉得那些东西很繁琐，而且毫无用处，于是他也放弃了这项工作。

最让人惊讶的是，在当地最大的一家家电卖场，他们品牌的展台上居然出现了其他知名品牌的产品。当别人指出这个严重的错误时，他的态度居然是“虽然有点小错但是也不需要大惊小怪”。

虽然这个区域经理不断吹嘘自己的营销队伍是“最优秀的，最具有实力的”。但一个不关注细节的企业必然是平庸的，后来该企业销量的不断下滑恰好说明了这一点。

故事解析

平庸和杰出企业的最大的差距便是对“细节的注重”。同样的，对于销售队伍而言，平庸企业的营销人员在细节上也一般不十分注意。而杰出企业的营销人员绝对不会出现像故事里的这家企业一样的情况。

我们常说要追求卓越，其实卓越就是追求细节完美的具体表现。卓越并非难以实现，只要我们认真从小事做起，把日常生活中的每一个细节做到极致，就可以达到卓越的境界。任何事情都是由细节构成的，细节决定事情的成败。如果不关心细节，也就不会做好事情。正像张瑞敏曾经说过的：“把每一件简单的事做好就是不简单，把每一件平凡的事做好就是不平凡。”

故事穿越

在某知名企业的济南分公司，有一支非常优秀的销售队伍，他们的团队成员每天都会讨论如何把商店的陈列达到最佳，竞争对手最近有哪些动态，如何去与其他产品做竞争等等。

当企业总部的市场和销售总监来做市场检查时，不是身着西装对分公司的销售员指手划脚，而是与销售员一起动手理货。所以该公司所生产的方便面多年来一直稳居市场占有率的第一位，这并非是因为该企业的广告做得多好，而是因为该公司极其注意每一个细节。

这家公司通常拿到的订货业绩是其他公司在订货会的两三倍！是他们有什么特别棒的促销方案吗？是他们请一线大牌明星到会加油助阵吗？都没有，他们之所以取得这么大的成绩，唯一可圈点的地方就是他们对细节的关注和秉持。

他们为了每年一度的秋季订货会，在一年多之前就在全国选择了一

个试点城市，并全程拍摄了短片，且对这个试验性会议作了很多细致的研究。市场推广部也针对这些研究制定了一本厚厚的“订货会操作流程手册”。

在订货会开始之前，会议的组织者还将要到这座城市进行观摩研究，一起参与会场的布置，会议的安排以及事先的预演。在开会前，他们还会与经销商开好几次的准备会议，针对于订货会的流程、会场布置、人员安排、客户邀约、模特的选择、时间安排以及可能会出现的问题和解决方法等等作详细的讨论。

会议开始前一天，他们便开始按照计划布置会场，然后详细地将所有人员的工作进行了重新确认，物料和会议资料进行再次的检查，所有的会场设施和宾馆服务人员的工作时间也进行二次确定。最后，他们还将订货会当天的程序完全预演了一遍。

故事微语

对于此次订货会而制定的如此完善的准备工作，就是这些对细节的关注，让这家公司赢得了经销商的心，赢得了整个方便面市场。

任何浩大的工程都始于一砖一瓦的堆积。任何让人艳美的成功背后都是从一跬一步中开始的。这一砖一瓦、一跬一步的累积，都需要我们尽心尽力的完成。在工作中恰恰是因为细节的不到位，又往往会造成较大影响，我们也应该从现在开始，培养自己注重细节的能力，以便将来更好的在社会中立足，获得更多更大的成就。

心灵箴言

天下大事，必作于细。

——老子

小事成就大事，细节成就完美。

——佚名

一个企业家要有明确的经营理念和对细节无限的爱。

——[意] 布鲁诺·蒂茨

从小事着手，从细节出发

故事话题

有一次，拜尔德为了赶去上班，急急忙忙的刷牙时，居然牙龈开始出血。他为此大为恼火，上班的路上仍难以平息怒气。

回到了公司，拜尔德为了把心思集中到工作上，便硬把心头的怒气给平息下去了。下班后，他与几个要好的伙伴提到了这件事情，并相约一起设法解决刷牙时容易伤及牙龈的问题。

他们想了很多解决刷牙造成牙龈出血的办法，比如将牙刷毛改成柔软的狸毛；刷牙前先用热水将牙刷泡软；多用一点牙膏；放缓刷牙的速度等等，但取得的效果都不是很理想。后来，他们进一步仔细检查牙刷毛的时候发现，在放大镜底下的刷毛顶端并不是尖的，而是四方形的。拜尔德想：“把它改成圆形的不就可以了吗？”于是他们开始着手改进牙刷。

经过实验牙刷的改进取得了明显的成效，于是拜尔德正式向公司提出了改变牙刷毛形状的建议，公司领导在看了拜尔德的方案之后，也觉得这是一个比较好的建议，欣然把全部牙刷毛的顶端改成了圆形。改进后的新品牌牙刷在广告媒介的推动下，销路极好，销量直线上升，最后占到了全国同类牙刷中的40%左右，拜尔德也因此由普通职员晋升为科长。十几年后拜尔德成为公司的总裁。

故事解析

刷牙容易导致牙龈出血，在我们看来都是司空见惯的小事，只有很少一部分人会想办法去解决这个问题，机遇也就因此从身边悄悄地溜走了。但是拜尔德不仅发现了这个小问题，而且对这个小问题进行细致的分析和研究，并最终使自己和所在的公司因为这个小小的细节而取得了成功。

生活其实就是由一些小得不能再小的细节构成的，但是很多人却总是倾心于远大的理想与宏伟的目标，却总是忽略了一些本不该忽略的细节，从而在接踵而至的事故面前因为缺乏准备，而忙于应付。我们应该避免这种现象的发生，因此应该从现在起从小事着手，从细节出发。

故事穿越

当年，尼克松在访华时敏锐地发现，周恩来总理做事非常认真，他对细节的把握非常到位。因为他发现，周恩来在晚宴上为他挑选的乐曲正是他非常喜欢的《美丽的阿美利加》。

后来，在访华的第三天晚上，客人被邀请去参观乒乓球以及其他体育活动的表演。当时天已下雪，而客人预定第二天还要去参观长城。周恩来在得知这一情况后，离开了一会儿，通知有关部门着手清扫通往长城的路上的积雪。

周恩来做事是精细的，同时他对工作人员的要求也非常严格。他最容不得“大概”“差不多”“可能”“也许”这一类的字眼。有次北京饭店举行涉外宴会，周恩来总理在宴会开始前询问饭菜的准备情况时，他问工作人员：“今晚的点心什么馅？”一位工作人员随口答道：“大概是三鲜馅的吧。”周恩来立即追问道：“什么叫大概？究竟是，还是不是？客人中间如果有人对海鲜过敏，出了问题谁负责？”

故事微语

周恩来总理正是凭着一贯注重细节、关照小事的作风，赢得了大家的称赞。

不注重细节，或者不把细节当回事的人，对工作缺乏认真和热情，对事情往往是敷衍了事。这种人不能把工作当做乐趣，而大都把工作当做一种不得不接受的苦役，因而在工作中缺乏对细节的重视。而考虑到细节、注重细节的人，往往是把工作当做乐趣的人，他们认真地对待工作，并且注重在做事的细节中找到机遇，从而让自己从细节中获得竞争力，走向成功，取得成就。

心灵箴言

在艺术的境界里，细节就是上帝。

——[意] 米开朗琪罗

对于周恩来来说，任何大事都是“从注意小事入手”这一格言是有一定道理的。他虽然亲自照料每棵树，也能够看到森林。

——[美] 尼克松

管理好的企业，总是单调无味，没有任何激动人心的事件。那是因为凡是可能发生的危机早已被预见，并将它们转化为例行作业了。

——[美] 德鲁克

平凡的小事也要做好

故事话题

参加招聘会的那天早上，张大鹏不慎碰翻了水杯，将放在桌上的简历弄湿了。为尽快赶到会场，张大鹏只将简历简单地晾了一下，便和其他东西一起，匆匆塞进背包。

在招聘现场，张大鹏看中了一家广东房地产公司的广告策划主管的职务。按照这家企业的要求，招聘人员将先与应聘者简单交谈几句，再收简历，被收简历的人将得有机会进行下一步的面试。

轮到张大鹏时，招聘人员问了张大鹏三个问题后，便向他要简历。张大鹏受宠若惊地掏出简历时，这才发现，简历上不光有一大片水渍，而且因为在包里被揉搓，再加上钥匙等东西的划痕，已经不成样子了。张大鹏努力将它弄平整，递了过去。看着这份伤痕累累的简历，招聘人员的眉头皱了皱，还是收下了。那份折皱的简历夹在一叠整洁的简历里，显得十分刺眼。

三天后，张大鹏参加了面试，表现非常活跃，无论是现场操作作图软件，还是为虚拟的产品做口头推介，他都完成得不错。在校读书时曾身为学校戏剧社骨干社员的张大鹏，还即兴表演了一段小品，赢得面试负责人的啧啧称赞。当他结束面试走出办公室时，一位负责的女士对他说：“你是今天面试者中最出色的一个。”

然而，面试过去一周后，张大鹏依然没有得到回复。他急了，忍不住打电话向那位女士询问情况。女士沉默了一会，告诉张大鹏：“其实招聘负责人对你是很满意的，但你败在了简历上。领导说，一个连简历都保管不好的人，是不可能管理好一个部门的。你应该知道，简历实际上代表的是你的个人形象。将一份凌乱的简历投出去，有失严谨。”

这件事给了张大鹏深刻的教训，从此，他变得细心起来。他深切感到，决定事情成败的，有时往往只是一个小小的细节。

简历

故事解析

只有完善每一个细节才能展示完美的自己；但只要一个细节没注意到，就会给你的形象带来难以挽回的影响。在现实的生活和工作中，大部分的工作都是一些琐碎的、繁杂的、细小的事务。但是无论什么事情，哪怕再小、再不起眼，哪怕再没有什么技术含量，也要持之以恒、日复一日地将它做好。

不简单就是把简单的事情千百遍都能做得很好；不容易就是将大家都认为非常容易的事情认真地去做好。要想取得大的成就，就不能忽略生活中每个平凡的小事，将它们当做每一次的考验，细致的做好。

故事穿越

有家公司正在招聘高级管理人才，在经过初试之后，对一群符合条件的应聘者进行复试。尽管应聘者都很自信地回答了考官们的简单提问，但是却都未被录用，只得怏怏地离开了。

这时，有一位应聘者，他在走进面试的办公室后，看到了地毯上有一个纸团。地毯很干净，这个纸团因此显得特别不协调。这位应聘者见状后，立即弯腰捡起了纸团，并准备将它扔到纸篓里。

这时面试官发话了："您好，朋友，先别着急把纸团丢到纸篓里，看看它上面写了些什么吧！"这位应聘者迟疑地打开纸团，只见上面有一句话："热忱欢迎您到我们公司任职。"几年以后，这位捡纸团的应聘者成了该家公司的总裁。

故事微语

这道专门用来考察求职者细节的试题，让很多志在必得的应聘者纷纷铩羽而归。此时，这个不经意的小事就决定了面试的成功与否。而这件微不足道的捡起纸团的事情，却被大部分的面试者忽略了。

要展现完美的自我，就要做好每一件平凡的小事。注重生活中的每一个细节，都可以让你在人群中脱颖而出，俗话说：一屋不扫，何以扫天下？凡事不要眼高手低，从简简单单的小事做起，生活总不会亏待一个连小事都能做的很完美的人。

心灵箴言

成功是细节之子。

——[美] 哈维·费尔斯通

工艺上的小差异，显示出民族素质上的大差异。

——张瑞敏

铁钉缺，马蹄裂；马蹄裂，战马蹶；战马蹶，骑士跌；骑士跌，军团削；军团削，战士折；战士折，帝国灭。

——谚语

小细节，大成就

故事话题

国外的很多企业，在开展公共关系活动时，热衷于制造具有新闻价值的事件，以引发媒介的关注。这些企业善于借这类事件的影响，再借助新闻记者的采访而名扬四方，扩大产品的销量。美国联合电石公司的产品一度滞销，公司为此感到十分担忧。

正在这时，一群鸽子飞入了公司总部大楼的一间空房里。公司有关部门的负责人顿生灵感，下令立即关闭门窗，不让任何一只鸽子飞出去。随后，便立即打电话通知“动物保护委员会”的人员派人前来救援，并电告各大媒体。果然新闻界被惊动了，电视台、电台、报社纷纷派记者前来进行采访。从小心翼翼地捕捉第一只鸽子起，到安全无误的对最后一只鸽子进行保护，前后一共花了 3 天时间。

3 天之中，各大媒介作了一系列绘声绘色的报道。结果可想而知，该公司不但提高了知名度和美誉度，而且这所公司所经营的电石也随即畅销起来。

故事解析

试想，如果该公司的领导人员不抓住这个小细节的话，怎么能利用这飞来的大好机会？只能看着鸽子和机遇悄悄地飞来，又悄悄地飞走。

小细节往往会产生大成就，牛顿因为被苹果砸中了脑袋，而想到了万有引力定律；瓦特因为看到开水沸腾时推动壶盖向上跳动，因而发明了蒸汽机，这些都是因为小细节而产生大成就的例子。俗话说：“泰山不拒细壤，故能成其高；江海不择细流，故能就其深。”生活中的细节无处不在，一个善于发现细节的人，才能成为生活中的强者。我们如果想取得什么大成就，不是也应该从日常生活中的小细节做起吗？

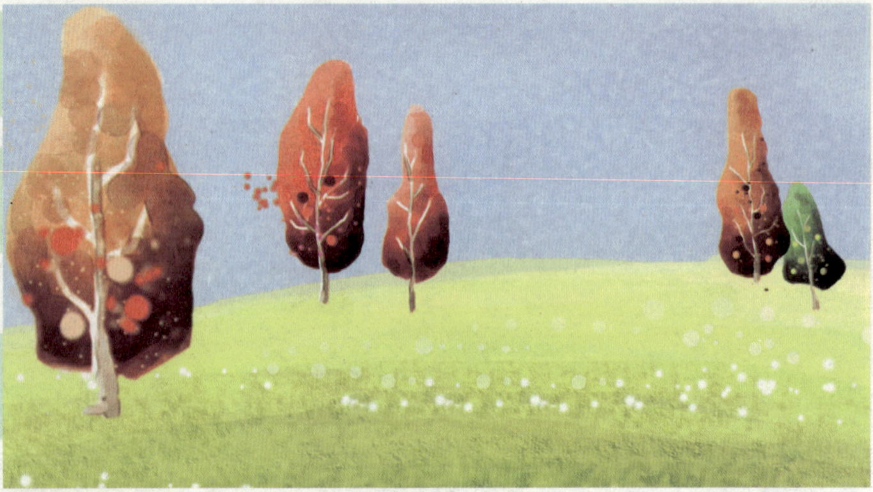

故事穿越

一天，国王命令鲁班在 15 天内伐出 300 根梁柱，用来修建一座宫殿。于是，鲁班立即带领徒弟们上山了。他们起早贪黑，拼尽全力地一连砍了 10 天，虽然一个个累得精疲力尽，但还是仅仅只砍了一百多棵大树。

这时，砖瓦石料都备齐了，国王选定动工的黄道吉日也马上就要到了。如果动工时木料依然没有准备好的话，是要处以死刑的。怎么办呢？晚上，鲁班躺在床上翻来覆去地无法入眠。他爬起来，深一脚浅一脚地向山上走去。抬头望望，启明星闪闪亮亮的，天快亮了。

突然，鲁班觉得手被什么东西划了一下，低头一看，长满老茧的手居然被划了一道口子，渗出一滴血珠。他仔细地在周围观察，发现是丝茅草划破的手掌。鲁班很惊奇地摘了一片草叶，发现草叶边缘长着很多锋利的细齿。一转身，他又看见一只大蝗虫正张着两个大板牙，迅速地吃着草叶。鲁班捉了个蝗虫发现，它的板牙上也有利齿。看看丝茅草的叶子，再看看蝗虫的大板牙，他心里立刻有了主意。他用毛竹做了一条竹片，上面刻了很多如丝茅草叶和蝗虫板牙一样的锯齿。用它去拉树，仅仅拉了几下，树皮就破了，再一用力，树干被划出了一道深沟。可是，时间一长，竹片上的锯齿不是钝了，就是被折断了。这时，鲁班想起了铁。他跑到山下，请铁匠按照自己做的竹片，打了带锯齿的铁条，用它去拉树，工作效率瞬间提升了很多！于是，鲁班和他的徒弟们终于在规定时间内完成了国王交代的任务。

故事微语

俗话说：“不积跬步，无以致千里；不积细流，无以成江海”。古往今来，细节总是决定着一个人、一个团体，甚至一个国家的成就的大小。鲁班如果没有那么细致入微的观察，恐怕也发明不了锯，也就无法完成任务，性命都难保，怎么谈得上会取得大的成就呢？

在生活中，细节也可以决定着你的品性和习惯。老子曾有句名言：天下大事，必作于细。这句话明确地指明了一个道理，想要成就一番大事，必须从细微处着手。小细节会产生大成就的事情数不胜数，我们在平时也要从小细节着手，尽自己最大努力把小事做好。

心灵箴言

细节决定成败。

——汪中求

勿以善小而不为,勿以恶小而为之。

——刘备

祸患常积于忽微,智勇多困于所溺。

——欧阳修

我们必须改变心浮气躁、浅尝辄止的毛病，提倡注重细节、把小事做细。

——卢瑞华

中国有 13 亿人口，不管多么小的问题，只要乘以 13 亿，那就成为很大很大的问题。

——温家宝

心灵榜样微史话

林肯

亚伯拉罕·林肯，美国政治家、思想家。第 16 任美国总统，其任总统期间，美国爆发内战，史称南北战争，林肯坚决反对国家分裂。他废除了叛乱各州的奴隶制度，颁布了《宅地法》、《解放黑人奴隶宣言》。但南北战争之后北方有几个支持联邦政府的州却仍被林肯允许可继续保有奴隶制度。林肯击败了南方分离势力，维护了美利坚联邦及其领土上不分人种、人人生而平等的权利。

美国线上曾于 2005 年举办票选活动——《最伟大的美国人》，林肯被选为美国最伟大人物中的第二位。 说话、办事老实、公正。公众称他为“诚实的老亚伯”和“伟大的解放者”。他说自己永远是鞋匠的儿子。

福楼拜

居斯塔夫·福楼拜，19 世纪中期法国伟大的批判现实主义小说家，莫泊桑就曾拜他为师。著名作品包含《包法利夫人》《情感教育》和《布瓦尔和佩库歇》等。他对 19 世纪末及至 20 世纪文学，尤其是现代主义文学的发展有着极其深远的影响，被誉为“自然主义文学的鼻祖”“西方现代小说的奠基者”。

福楼拜是 19 世纪法国继司汤达、巴尔扎克之后又一位伟大的的现实主义小说家，在现实主义向现代主义转型中，福楼拜起了承前启后的作用。19 世纪五、六十年代，他完成了三部主要作品：《包法利夫人》《萨朗波》和《情感教育》。

莫泊桑

居伊·德·莫泊桑，19 世纪后半叶法国优秀的批判现实主义作家，与契诃夫和欧·亨利并列世界三大短篇小说巨匠，对后世产生极大影响，被誉为“短篇小说巨匠”。

1889 年，莫泊桑完成了《羊脂球》的创作，轰动了法国文坛。以后离职从事专门的文学创作，并拜福楼拜为师。10 年间他写了 300 多个短篇和 6 个长篇。其中许多作品流传深广，尤其是短篇小说，使他成为一代短篇小说巨匠。长篇有《一生》《俊友》等；中短篇有《菲菲小姐》《项链》《我的叔叔于勒》《一个农庄女工的故事》《戴丽叶春楼》《瞎子》《真实的故事》《小狗皮埃罗》《一个诺曼底佬》《在乡下》《一次政变》《绳子》《老人》《洗礼》《穷鬼》《小酒桶》《归来》《图瓦》《福楼拜家的星期天》等。

罗斯福

富兰克林· 德拉诺·罗斯福，美国第 31 位、第 32 任总统，美国历史上唯一蝉联四届的总统。美国历史上最伟大的 3 位总统之一，同华盛顿、林肯齐名。

在 1930 年代经济大萧条期间，罗斯福推行新政以提供失业救济与复苏经济，虽然直到第二次世界大战爆发为止，美国的经济仍未能完全复苏，但是他所发起的一些计划，如联邦存款保险公司、田纳西河谷管理局以及证券交易委员会等，仍继续在国家的商贸中扮演重要角色。除此之外，在其任内设立的一些制度，包括社会安全系统和全国劳资关系委员会等等，仍然保留至今。

罗斯福曾促成了政党重组，大胆地利用联邦政府导致新政联盟的建立，政治学家称之为“第五政党制度”。该联盟主导了民主党近半个世纪，直到 20 世纪 60 年代末。罗斯福推出的新税种，影响到所有的收入群体。

爱迪生

托马斯·阿尔瓦·爱迪生，世界著名的美国发明家、物理学家、企业家，拥有众多知名重要的发明专利超过 2000 多项，被传媒授予“门洛帕克的奇才”称号！他是人类历史上第一个利用大量生产原则和电气工程研究的实验室来进行从事发明专利而对世界产生重大深远影响的人。

爱迪生拥有超过 2000 项发明，包括对世界极大影响的留声机、电影摄影机、钨丝灯泡等。在美国，爱迪生名下拥有 1093 项专利，而他在美国、英国、法国、德国等地的专利数累计超过 1500 项。

爱迪生是技术历史中著名的天才之一，拥有白炽灯、留声机、电影放映机、摄影机等 1093 项发明专利权。其中爱迪生的三大发明：留声机、电灯和电力系统、有声电影，丰富和改善了人类的文明生活。

玛格丽特·米切尔

玛格丽特·米切尔，美国现代著名女作家，曾获文学博士学位，担任过《亚特兰大新闻报》的记者。1937 年她获得普利策奖。1939 年获纽约南方协会金质奖章。1949 年，她不幸被车撞死。她短暂的一生并未留下太多的作品，但只一部《飘》足以奠定她在世界文学史中不可动摇的地位。

1936 年 6 月 30 日，这位无名作家的“巨著”一经面世，其销售情况立即打破了美国出版界的多项纪录：日销售量最高时为 5 万册；前六个月发行了 100 万册；第一年 200 万册。随后，小说获得了 1937 年普利策奖和美国出版商协会奖。截止 70 年代末期，小说已被译成 27 种文字，在全世界的销售量也逾 2000 万册。

史泰龙

西尔维斯特·史泰龙，1946 年生于美国纽约，画家、演员、编剧、导演及制片人。1970 年进入演艺圈。1976 年自编自演《洛奇》系列电影首部。1977 年凭借电影《洛奇》获得第 49 届奥斯卡和第 34 届美国金球奖最佳男主角和最佳编剧奖提名。1982 年自编自演《第一滴血》系列第一部，凭《洛奇》和《第一滴血》两个动作电影系列成为 80 年代好莱坞动作明星的代表。1984 年留名好莱坞星光大道。1992 年获得第 17 届荣誉凯撒奖。2002 年被授以“千年动作明星奖”。2003 年以《第一滴血》“兰博”当选美国国家广播公司评出的“影视作品中的十大铁血猛男形象”。2009 年，威尼斯电影节授予其“电影人荣誉最高奖”。2010 年获得好莱坞事业成就奖。

此外，史泰龙还是一名抽象派画家，曾在俄罗斯博物馆、巴塞尔艺术博览会等多个艺术展览会开办个人画展，作品包括《朋友之死》、《寻找洛奇》和《大力神钟点》等表象主义画作。

比尔·盖茨

比尔·盖茨，全名威廉·亨利·盖茨，美国微软公司的前任董事长。首屈一指的科技尖才、大慈善家、环保人，与保罗·艾伦创办微软公司，曾任微软首席执行官和首席软件设计师，持有公司超过 8%的普通股，是公司最大的个人股东。

1995 年到 2007 年的《福布斯》全球亿万富翁排行榜中，比尔·盖茨连续 13 年蝉联世界首富。2008 年 6 月 27 日正式退休，但仍作微软董事长保证公司的运营，并把 580 亿美元个人财产捐到比尔和梅琳达·盖茨基金会。2012 年 9 月 19 日，《福布斯》2012 年美国富豪排行榜发布，比尔·盖茨第 19 次蝉联美国首富桂冠。2009 年，比尔·盖茨超越沃伦·巴菲特成为世界首富，是在 2008 年之后首次夺回了世界首富宝座。

鲁班

鲁班，姓公输，名般。又称公输子、班输。汉族，东周鲁国人（都城山东曲阜，故里山东滕州），“般”和“班”同音，古时通用，故人们常称他为鲁班。大约生于周敬王十三年（公元前 507 年），卒于周贞定王二十五年（公元前 444 年）。

鲁班生活在春秋末期到战国初期，出身于世代工匠的家庭，从小就跟随家里人参加过许多土木建筑工程劳动，逐渐掌握了生产劳动的技能，积累了丰富的实践经验。鲁班是我国古代的一位出色的发明家，两千多年以来，他的名字和有关他的故事，一直在广大人民群众中流传。我国的土木工匠们都尊称他为祖师。

孔子

孔子，名丘，字仲尼。华夏族，春秋末期鲁国陬邑人，祖籍为宋国贵族。儒家学派的创始人，中国古代的思想家、教育家，被誉为“天纵之圣”、“天之木铎”，是当时社会上的最博学者之一，被后世统治者尊为孔圣人、至圣、至圣先师、万世师表、文宣皇帝、文宣王，是“世界十大文化名人”之首。

孔子主要思想主张：“仁”（孔子的思想核心）、“德”（以德教化人民）、“礼”（以礼治理国家）。孔子的儒家思想对中国和世界都有深远的影响，世界各地都有孔庙祭祀孔子。

鲁迅

鲁迅，伟大的无产阶级文学家、思想家、革命家。原名周樟寿，后改名周树人。字豫亭，后改为豫才，浙江绍兴人，出身于封建家庭，青年时代受进化论、尼采超人哲学和托尔斯泰博爱思想的影响。鲁迅原在日本仙台医学院学医，后从事文艺工作，希望用以改变国民精神。1918 年 5 月，首次用“鲁迅”的笔名，发表中国现代文学史上第一篇白话小说《狂人日记》，奠定了新文学运动的基石，后与《药》、《故乡》等小说名篇一同收入小说集《呐喊》。

毛泽东评价鲁迅为伟大的无产阶级文学家、思想家、革命家、评论家、作家，是中国文化革命的主将、中华的精神的发扬人。鲁迅是 20 世纪中国的主要作家，是中国现代小说、白话小说和近代文学的奠基人之一，是新文化运动的领导人、左翼文化运动的支持者之一。

周恩来

周恩来，字翔宇，曾用名伍豪等，原籍浙江绍兴，生于江苏淮安。伟大的马克思列宁主义者，中国无产阶级革命家、政治家、军事家、外交家，中国共产党和中华人民共和国的主要领导人，中国人民解放军主要创建人和领导人。

他是以毛泽东同志为核心的党的第一代中央领导集体的重要成员，在国际上也享有很高威望。周恩来同志的卓著功勋、崇高品德、光辉人格，深深铭记在全国各族人民心中。周恩来同志 50 多年的革命生涯，同中国共产党的建立、发展、壮大，同我国新民主主义革命的胜利，同我国社会主义革命和建设的历史进程紧密联系在一起。他毫无保留地把全部精力奉献给了党和人民，直到生命的最后一息。他身上集中体现了中国共产党人的高风亮节，在中国人民心中矗立起一座不朽的丰碑。

心灵修养用语微解

准时：遵守规定的时刻；按时。魏巍《东方》第五部第九章：“今天晚上，我们准备午夜零点准时出发。”杜鹏程《在和平的日子里》第三章：“ 梁建接到在施工现场准时开会的通知。”

慵懒：困倦；懒；懒惰；懒散；懒洋洋的样子慵懒是心理上的懒散，是惰性使然，慵懒虽然是诱发空虚的条件，是不思追求、无所事事或不愿事事的温床，但慵懒未必一定导致空虚。

惜时：是指要爱惜时间。时光流逝是无情，所以应当爱惜。自二千五百年前孔子站在河边发出感叹：时光的流逝就像这水一样，不舍昼夜的奔流。惜时就成为中华民族一个永久流行的信念，表现为只争朝夕。

借口：1. 承认活动本身是错的，但是当事人否认他应当承担责任。2. 以某事为理由(非真正的理由)。例如：不能借口快速施工而降低工程质量。3. 假托的理由。例如：别拿忙做借口而放松学习。4. 借口所借的必须不存在，否则不是借口。

平凡：1. 没有值得注意的事件。2. 不高傲，不崇高。3. 不夸张，不虚饰。4. 具有通常或重复的特点。5. 与工作日有关或具有工作日特征；普通的。6. 无特色或无区别。7. 毫无异常之处；没有创见、新颖或趣味。8. 具有平民大众一般的特征。9. 缺乏独创性。

成就：1. 取得的成绩。2. 完成。3. 成全。4. 努力的终结和厌倦的开始。近义词：成绩、佳绩、功绩、成果、成效、功勋、功劳、功绩、劳绩、成果、成就、贡献。反义词：挫败、挫折、败绩。汉焦赣《易林·乾之离》：“胎生孚乳，长息成就，充满帝室，家国昌富。”

踏实：谓内心安定；安稳。闻一多《端节的历史教育》：“这样一来他们心里便踏实了，觉得安全真有保障。”老舍《龙须沟》 第一幕：“捐就是捐，您拿钱，我收了交上去，咱们心里就踏实啦。”柳青《创业史》

第一部第六章：“寡妇老婆虽然相信了农会主席，但心里总不踏实。”

选择：近义词：抉择、选取、选用、选定、挑选。反义词：排斥、抛弃、 放弃。基本解释：1. 挑选；选取。2. 指拣选吉利日子。《墨子·尚同中》：“是故选择天下贤良圣知辩慧之人，立以为天子。”《史记·滑稽列传褚少孙论》：“选择贤材。各任之以其能，赏异等，罚不肖。”

诚信：诚信是一个道德范畴，是公民的第二个“身份证”，是日常行为的诚实和正式交流的信用的合称。即待人处事真诚、老实、讲信誉，言必信、行必果，一言九鼎，一诺千金。子曰：“人而无信，不知其可。”认为人若不讲信用，在社会上就无立足之地，什么事情也做不成。

执行： 坚守节操。汉刘向 《列女传·黎庄夫人》：“ 黎庄夫人 ，执行不衰， 庄公 不遇，行节反乖。” 宋范仲淹 《王公墓志铭》：“尝有交游，以言事被谪。朝之贵人皆切齿，公特率昆弟，祖宴都门。汉刘向 《列女传·黎庄夫人》：“ 黎庄夫人，执行不衰，庄公不遇，行节反乖。”

理想：是对未来事物的美好想象和希望，也比喻对某事物臻于最完善境界的观念。出自茅盾《开荒》：“如今，怀抱着崇高理想的人们，正在改造这黄土高原。”谭嗣同《石菊影庐笔识·学篇六三》：“光绪三年《格致汇编》互相问答中，时有华人以此镜(透光镜)问之，答以光学内无此理想。”

节奏：1. 音乐中交替出现的有规律的强弱、长短的现象。2. 喻指均匀有规律的进程。3. 礼节制度。指有关礼仪的各种规定。《礼记·乐记》：“乐者，心之动也；声者，乐之象也；文采节奏，声之饰也。”曹丕《典论·论文》：“譬诸音乐，曲度虽均，节奏同检，至於引气不齐，巧拙有素，虽在父兄，不能以移子弟。”

胸怀：指胸襟，博大胸怀。古有《聊斋志异·促织》：“隐中胸怀。”王充《论衡·别通》：“故夫大人之胸怀非一，才高知大，故其於道术无所不包。”司马光 《涑水记闻》 卷一：“丈夫临大事可否，当自决胸怀，乃来家间恐怖妇女何为耶！”《三国演义》 第二一回：“夫英雄者，胸怀大志，腹有良谋，有包藏宇宙之机，吞吐天地之志者也。”

前进：1. 上前；向前行进；不敢前进。2. 向前发展进步。《史记·张释之冯唐列传》：“释之前进曰：‘使其中有可欲者，虽锢南山，犹有郄；使其中无可欲者，虽无石椁，又何戚焉！’” 赵元一《奉天录》卷三：“时田悦壁垒严肃，马公不果前进。”张齐贤《洛阳搢绅旧闻记·向中令徙义》：“向许之，却回至关。郭勋讶之，谓是不敢前进。

奋斗：本义指为达到一定目的而努力干。奋斗是为一个目标去战胜各种困难的过程，这个过程会充满压力、痛苦、挫折。示例：中国人民为国家独立、民族解放和民主自由进行了前仆后继的英勇奋斗。《宋史·吴挺传》：“金人舍骑操短兵奋斗，挺遣别将尽夺其马。”黄轩祖《游梁琐记·剑术》：“约食顷，翁又来，女奋斗益厉，至夜终无胜负。”

行动：在生物学领域内，行动是指生物在空间的整体移动行为，例如动物的步行、奔跑、游泳、飞翔等。行动指主动的移动，不包括被气流、水流或其他生物带动所造成的空间移动(如寄生虫随寄主在空间的移动)。除某些营固定附着生活的低等动物外，大部分动物都有特化的行动器官，它们的取食、生殖等基本生活活动也都要通过行动才能实现。

结果：1. 在一定阶段，人或事物发展所达到的最后状态。2. 用在下半句，表示在某种条件或情况下产生某种结局。3. 见人杀死(多见于早期白话)，《水浒传》第二二回：“宋江道：‘这箇容易。我去 陈三郎家，买一具棺材与你……我再取十两银子与你结果。’”《红楼梦》第一〇七回：“贾母又道：‘我所剩的东西也有限，等我死了，做结果我的使用。’”。

成功：近义词：胜利，完成，告捷，告成，得胜，凯旋，胜利，获胜。反义词：失败，失败，铩羽，挫折。成功是在不侵犯他人权利的前提条件下，从生活中获取自己想要的成就的结果。《史记·秦始皇本纪》：“今名号不更，无以称成功，传后世，其议帝号。”郦道元《水经注·鲍丘水》：“於是二府文武之士，感秦国思郑渠之绩，魏人置豹祀之义，乃遐慕仁政，追述成功。”

细节：1. 不容易起眼的小环节，小事。2. 文艺作品中描绘人物性格、事件发展、自然景物、社会环境等最小的组成单位。细节描写要求真实、生动，并服从主题思想的表达。《后汉书·班超传》：“为人有大志，不修细节。”孙犁《澹定集·与友人论传记》：“古代史家，写一个人物，并不只记述他的成败两方面的大节，也记述他日常生活的细节。”也指文学艺术作品中的细小情节的描写。

卓越：杰出的；超出一般的：卓越人材；卓越功勋；卓越的才能；卓越的社会活动家。高超出众；卓越的成就。《南史·梁邵陵携王纶传》：“纶(萧纶)任情卓越，轻财爱士，不竞人利，府无储积。”宋苏轼《答李廌书》：“惠示古赋近诗，词气卓越，意趣不凡，甚可喜也。”《一个中国孩子的呼声》：赞扬他是“一名卓越的观察员，在执行联合国维和行动中体现了人道与公正的素质。”

效率：是指有用功率对驱动功率的比值，同时也引申出了多种含义。效率也分为很多种，比如机械效率、热效率等。效率与做功的快慢没有直接关系。基本解释：单位时间完成的工作量。出处：郭沫若《洪波曲》第六章：“逾之是做文章的老手，而且是素来讲究效率的人。”示例：1. 上课认真听讲有助于提高学习效率。2. 对待学习的态度、习惯与专注的程度及办事的效率，将直接决定你是否是一个有智慧的人，你的生命是否有价值。

执行力：执行力包含完成任务的意愿，完成任务的能力，完成任务的程度。对个人而言执行力就是办事能力；对团队而言执行力就是战斗力；对企业而言执行力就是经营能力。个人执行力是指每一单个的人把上级的命令和想法变成行动，把行动变成结果，从而保质保量完成任务的能力。

求真务实：所谓“求真”，就是“求是”，也就是依据解放思想、实事求是、与时俱进的思想路线，去不断地认识事物的本质，把握事物的规律。所谓“务实”，则是要在这种规律性认识的指导下，去做、去实践。

通俗易懂：广大人民群众都能懂得。邓小平《跃进中原的胜利形势与今后的政策策略》：“这十六个字，通俗易懂。”示例：我们要用通俗易懂的语言来写报告。近义词：老妪能解、简单明了。反义词：艰难晦涩。